AF500445

S
853

PARTICIPATION EFFICACE DU SERVICE HYDRAULIQUE

PROGRESSIVEMENT GÉNÉRALISÉ EN FRANCE

AU

RELÈVEMENT DE L'AGRICULTURE

PAR

A.-N. PARANDIER

INSPECTEUR GÉNÉRAL DE 1re CLASSE DES PONTS ET CHAUSSÉES EN RETRAITE
COMMANDEUR DE LA LÉGION D'HONNEUR.

PARIS

V[VE] CH. DUNOD, ÉDITEUR

LIBRAIRE DES CORPS NATIONAUX DES PONTS ET CHAUSSÉES, DES MINES
ET DES TÉLÉGRAPHES

Quai des Augustins, n° 49

1887

MOYEN EFFICACE

DE CONCOURIR

AU

RELÈVEMENT DE L'AGRICULTURE

IMPRIMERIE C. MARPON ET E. FLAMMARION
RUE RACINE, 26, A PARIS.

PARTICIPATION EFFICACE DU SERVICE HYDRAULIQUE

PROGRESSIVEMENT GÉNÉRALISÉ EN FRANCE

AU

RELÈVEMENT DE L'AGRICULTURE

PAR

A.-N. PARANDIER

INSPECTEUR GÉNÉRAL DE 1re CLASSE DES PONTS ET CHAUSSÉES EN RETRAITE
COMMANDEUR DE LA LÉGION D'HONNEUR.

PARIS

Vve Ch. DUNOD, ÉDITEUR

LIBRAIRE DES CORPS NATIONAUX DES PONTS ET CHAUSSÉES, DES MINES
ET DES TÉLÉGRAPHES

Quai des Augustins, n° 49

1887

PARTICIPATION EFFICACE DU SERVICE HYDRAULIQUE

PROGRESSIVEMENT GÉNÉRALISÉ EN FRANCE

AU

RELÈVEMENT DE L'AGRICULTURE

PAR

A.-N. PARANDIER

INSPECTEUR GÉNÉRAL DE 1re CLASSE DES PONTS ET CHAUSSÉES EN RETRAITE
COMMANDEUR DE LA LÉGION D'HONNEUR.

Il faut ranger à la première place parmi les éléments fondamentaux de la prospérité rurale : l'aménagement et l'utilisation des eaux.

Pierre MÉHEUST, ancien élève de l'école de Grand-Jouan.

Exciter un développement nouveau de la production territoriale est une mesure de salut public, et l'agriculture seule peut, à l'aide des irrigations, ranimer les populations aux abois.

Docteur Henry PAPON. — *La Vie à bon marché.*

On cherche maintenant à accroître partout la quantité du bétail; cette tendance est manifeste; les irrigations en sont la condition essentielle; leur développement touche donc à la question de l'alimentation publique et au fondement de la famille rurale.

La Revue d'économie rurale.

Ce n'est point par millions, mais par centaines de millions qu'il faudrait compter les augmentations de revenus que procurerait à la France le bon emploi des eaux.

POLONCEAU, Ingénieur, Fondateur de l'Institut de Grignon.

PRÉLIMINAIRES

Voici comment, en dehors de mes études et travaux de chemins, de ponts, de routes, de canaux, de canalisation et de chemins de fer, j'en suis venu à me préoccuper de la production territoriale.

J'ai pris de bonne heure un vif intérêt aux travaux de l'Agriculture par mes relations persistantes avec un ami d'enfance, de jeunesse et de vieillesse qui s'y était exclusivement voué dès sa sortie de collège.

Lorsque je pouvais disposer de quelques instants de loisirs pour me distraire et me reposer de mes études, j'allais le trouver au milieu de ses cultures et pendant que j'en observais le fonctionnement, il en organisait la marche et voulait bien ensuite me conduire sur le territoire des communes voisines de la ferme qu'il habitait ; nous les parcourions en chassant pendant les vacances et c'est ainsi que j'ai pu me rendre compte en même temps, des grands inconvénients pour l'organisation rémunératrice et avantageuse de la culture des champs, du morcellement cadastral du sol et de l'éparpillement des parcelles appartenant à un même propriétaire et faisant partie de son domaine.

J'ai eu, de même, l'occasion, dans les bois en plaine, ou du moins en sol peu accidenté, de remarquer que, le plus souvent, la nature des terres y était très favorable à l'établissement de bonnes prairies irrigables ou à de bonnes cultures de terres arables et même quelquefois excellente pour la viticulture à laquelle, dans mon pays, on s'intéresse dès l'enfance.

Combien il serait avantageux, me disais-je, sous tous les rapports, de défricher progressivement toutes ces forêts s'il était possible de les remplacer, avec le temps, au moins à égale surface, par des reboisement dans les régions montagneuses où l'on rencontre tant et de si grandes surfaces de sols pierreux incultes, de friches sans valeur ou à peine couvertes d'un gazon court sans autre produit que celui d'un pâturage pour quelques petits troupeaux de moutons !

C'est ainsi que se sont introduites dans mon esprit des idées et des vues hardies, d'une part : sur l'organisation agricole, de l'autre : sur la *mise en valeur des sommités incultes;* hardies, il est vrai, mais à mes yeux d'une grande importance pour l'accroissement de la production territoriale en France.

J'espère pouvoir y revenir et faire connaître, en même temps que les circonstances qui m'ont excité à en poursuivre l'étude, les conclusions auxquelles je suis arrivé en tant que moyen d'en réaliser l'application.

Je laisse donc de côté, en ce moment, ces grosses questions pour en venir spécialement à celle de *l'aménagement et de l'utilisation agricole et industrielle des eaux.*

J'avais eu, dans mes excursions, l'occasion de remarquer, sur plusieurs petits et moyens cours d'eau, les restes de digues transversales et d'ouvrages annexes qui avaient servi dans les temps antérieurs, à créer des réservoirs ou des étangs pour aménager les eaux de crues et les faire servir à la pisciculture, au limonage des rives de ces cours d'eau et à l'irrigation des prairies inférieures.

Il paraît que ces créations de réservoirs et d'étangs datent du XVe siècle et qu'elles avaient pris un grand développement aux XVIe et XVIIe siècles, mais que, peu à peu, avec le temps, les partages des prairies et des terres par l'application des lois d'hérédité, ou par des ventes partielles, déterminèrent un morcellement et des antagonismes de voisins à voisins qui détruisirent les propriétés et irrigations *d'ensemble*.

On mit alors en avant les causes d'insalubrité de ces étangs dont les surfaces furent elles-mêmes morcelées, puis les endiguements et les ouvrages annexes tombèrent en ruines.

C'était assez que l'aspect de ces ruines pour m'inspirer la pensée des avantages à retirer en faveur de l'Agriculture, d'ouvrages analogues, sauf à leur appliquer des dispositions de nature à éviter les inconvénients et les causes qui en avaient déterminé l'abandon.

Cela dit, je vais entrer dans la question que j'ai en vue.

CHAPITRE I

CRISE AGRICOLE. — NÉCESSITÉ D'Y REMÉDIER

IMPORTANCE DE L'AGRICULTURE. — SA DÉCADENCE. — APPEL D'URGENCE AUX MOYENS D'Y REMÉDIER.

C'est dans l'Agriculture que consiste la vraie richesse des nations; chacun reconnaît la haute importance de sa prospérité.

Eh bien! personne ne conteste plus aujourd'hui que sa situation actuelle en France est déplorable dans toutes ou à peu près toutes ses branches. Les causes en ont été signalées de toutes parts, justifiées et résumées dans les bulletins des Sociétés d'agriculture, dans les journaux, dans les enquêtes et dans les débats parlementaires. Il n'y a tout au plus d'exception à cette terrible crise que pour les cultures purement pastorales, comme en Normandie et dans quelques régions de hautes montagnes où de bonnes prairies communales livrées au pâturage sont très étendues, et où les prairies privées des propriétaires fournissent la consommation d'hiver du bétail qu'ils possèdent; dans ces circonstances, l'élève du bétail et la production laitière peuvent encore se faire, pour ainsi dire, sans dépenses et sans besoin de main-d'œuvre; mais c'est très exceptionnel, même sans tenir compte des années désastreuses de sécheresse, et tout le monde reconnaît que généralement la décadence de la rémunération du travail agricole est progressive, que la crise est persistante et qu'il y a imminence d'un appauvrissement intolérable et progressif du capital territorial de la France.

Cette triste perspective appelle tous ceux qui croient entrevoir tels ou tels moyens de concourir à en éviter les désastreuses conséquences, à les produire sans retard.

RÉPONSE, EFFICACE ENTRE AUTRES, A FAIRE A CET APPEL.

C'est ce que je me propose de faire dans ce qui va suivre, par un exposé justificatif de la marche à adopter et des mesures à prendre pour concourir au relèvement de l'agriculture, tout d'abord d'une manière peu dispendieuse et dans un court espace de temps, moyennant l'intervention du service hydraulique progressivement et puissamment organisé partout en France, et *spécialement appliqué à la réalisation d'innombrables entreprises d'hydraulique agricole de petite et moyenne étendue*, sauf sans négliger celles-ci, à de plus vastes et plus importantes, dans le cas où, par suite de circonstances exceptionnelles, qui seront d'ailleurs très rares jusqu'à nouvel ordre, il se présenterait, en faveur de leur réalisation, de bonnes et sérieuses chances de succès.

CHAPITRE II

EXPOSÉ SOMMAIRE D'ÉTUDES HYDRAULIQUES AVANT 1849

TRIPLE UTILITÉ DE CET EXPOSÉ.

Il ne me paraît pas inutile d'exposer sommairement mes études et propositions d'études hydrauliques antérieurement à cette date (1) : 1° pour expliquer l'empressement avec lequel j'ai pris en mains le service hydraulique du Doubs en 1850; 2° pour montrer aussi combien les progrès les plus avantageux subissent d'obstacles et d'interminables lenteurs avant de parvenir à se réaliser; puis enfin 3° pour permettre, par le récit de mes efforts dans le Doubs (2), de juger, par analogie, de ce qui a pu avoir lieu dans bien d'autres départements, ainsi que pour faire apprécier la nature et le degré d'importance des améliorations d'hydraulique agricole, à la réalisation desquelles il est à propos de s'attacher tout d'abord.

ÉTUDES ET PROPOSITIONS D'ÉTUDES HYDRAULIQUES DANS L'EST ANTÉRIEUREMENT A 1849.

(1826-1827). — Mes deux premières missions d'élève des Ponts et Chaussées se passèrent sous les ordres de l'Ingénieur en chef du canal du Rhône au Rhin, à l'exécution, sur la rivière du Doubs, de onze barrages successifs, qui la transformèrent en une série de bassins où le tirant d'eau était partout d'au moins $1^{m}.40$, alors qu'auparavant il existait des points où ce lit, encombré de blocs de pierres, pouvait être traversé à pied sec; c'était, entre les rives normales de son cours, un aménagement d'eau très intéressant par ses résultats de *canalisation*, de *forces motrices utilisables* pour l'agriculture et l'industrie et de pisciculture.

(1828-1829). — Je fus d'ores et déjà tellement frappé des avantages précieux que l'on pourrait tirer des eaux, qu'à peine chargé, à la résidence de Besançon,

(1) Il y en a d'innombrables, plus considérables que les miennes, mais celles-ci me semblent (du moins pour quelques-unes, 1847-1848, 1852-1855, 1860-1862) intéressantes aux trois points de vue ci-dessus exprimés par le sort qu'elles ont subi comme suite de l'envoi que j'en faisais à l'Administration, tandis que les autres, publiées par leurs auteurs dans des journaux ou brochures spéciales, ne mettaient pas l'Administration en demeure d'y répondre; il me serait d'ailleurs impossible d'en rendre compte, faute de renseignements nécessaires pour les cas rares où, comme dans le Doubs, on s'est attaché à la réalisation de nombreuses petites et moyennes entreprises.

(2) Pour n'arriver, en définitive, qu'à de trop modestes résultats si on les compare à ce qui reste à faire.

du service de la moitié nord du département, je me mis activement à l'étude des causes de l'existence des marais dans les montagnes du Doubs, ainsi qu'à celle de la statistique des cours d'eau, des limites de leurs bassins et de l'utilisation possible industrielle et agricole de leur débit (1).

(1833-1842). — Je passe sous silence, comme étrangères à l'Agriculture, mes études de sources et d'hydrographie souterraine appliquables à mes projets d'approvisionnement d'eau pour la ville de Besançon, mais je fais remarquer que mon service d'ingénieur des Ponts et Chaussées comprenait l'arrondissement de Montbéliard où l'établissement de nouvelles usines hydrauliques était fréquent, en même temps que l'emploi des eaux pour les irrigations y était déjà connu d'ancienne date et pratiqué sur bien des points, de sorte que j'avais à y faire des règlements d'eau et des partages de débit et de temps d'usage entre les usines et les irrigations, ce qui me donnait l'occasion d'apprécier les mieux-values considérables que celles-ci réalisaient, en même temps que la haute utilité de leur développement partout où il serait possible de l'activer.

(1844-1845). — Cette question d'utilisation des eaux m'intéressait au point que je ne perdais aucune occasion de m'en préoccuper; et bien que, pendant ces années-là, tous mes travaux du chemin de fer de Dijon à Chalon étaient en plein cours d'exécution, je cherchais à utiliser, comme réservoirs d'aménagement et bassins de pisciculture, les chambres d'emprunt riveraines des grands travaux de terrassements et les branches des cours d'eau coupées par la voie de fer et laissées en dehors de la limite de l'assiette des travaux. Je remarque encore aujourd'hui même, en circulant sur les voies de fer, que souvent ces sortes d'opérations seraient utiles à la salubrité publique et à l'utilisation des eaux pluviales.

ÉTUDES DES IRRIGATIONS DANS LES VOSGES.

(1845-1846). — Plus tard, à partir de 1845, je consacrais annuellement quelques jours à un voyage et séjour dans les Vosges où j'avais occasion d'examiner en passant, particulièrement dans l'arrondissement de Saint-Dié, de très nombreuses irrigations partielles déjà réalisées, d'ancienne date, dans les plus petits vallons, à de grandes altitudes sur de petites étendues et progressivement sur des

(1) En mars 1829, j'en développais, dans un rapport adressé à M. le Directeur général Becquet, un programme dont il m'a été accusé réception approbative, le 10 mai suivant. Mon mémoire y relatif a été communiqué à l'Académie des Sciences de Besançon, dans sa séance du 28 janvier 1830. Il en est rendu compte dans l'Annuaire de l'Académie de 1830, et le mémoire a été publié en entier par les soins de M. Fournet, doyen de la Faculté des Sciences de Lyon, dans le Bulletin de la Société d'histoire naturelle de cette ville, avec carte, à échelle réduite, de celle jointe au mémoire. Ce mémoire a pour titre : « Études sur la géographie physique, etc. »

M. Fournet en avait lu le compte rendu dans l'Annuaire précité, me l'avait demandé et l'avait imprimé avec mon consentement plus de 25 ans après le susdit compte rendu.

surfaces de plus en plus considérables à la descente des ruisseaux et des petites rivières sur leurs rives, et pour ainsi dire sans discontinuité.

(1847). — Mêmes études. Cette étude à vue d'œil n'était pas suffisante pour satisfaire mon désir de connaître leurs voies et moyens de réalisation. Aussi voulus-je profiter du moment de répit que venait de me réserver, fin d'août 1847, la remise de mon chemin de fer de Dijon à Chalon, presque terminé, à la Compagnie P.-L., récemment organisée et concessionnaire de la ligne Paris-Lyon, pour demander un congé de 18 jours, et venir particulièrement étudier plus à fond ces voies et moyens. « C'est, disais-je dans ma lettre de demande de congé du 18 sep-« tembre, dans les vallées des Vosges que l'art de l'utilisation agricole et indus-« trielle des eaux est le plus parfait et le mieux pratiqué en France, et c'est par la « vulgarisation même de cet art partout ailleurs, ajoutais-je, que pourra se régé-« nérer et grandir l'agriculture française. »

En effet, voici ce que j'ai constaté dans mon voyage :

Depuis un temps immémorial les irrigations sont pratiquées dans les Vosges avec grand succès, non pas qu'il existe de grands canaux d'irrigation, *mais une multitude d'entreprises à surfaces restreintes très habilement exécutées* dans les arrondissements de Saint-Dié, de Remiremont et d'Épinal, particulièrement sur la Meurthe et sur tous ses affluents, *même les plus petits* (1).

Partout on y voit des prises d'eau sur des sources, sur de petits ruisseaux où l'on pratique de petits bassins ou réservoirs pour régulariser le débit et l'assurer quand il en est besoin.

Les dispositions et les frais sont variables suivant les formes du terrain. On y trouve de petits entrepreneurs de travaux, des chefs d'atelier qui, à prix faits ou en régie, se chargent de leur exécution, pour laquelle ils ont acquis une adresse et un coup d'œil parfaits.

En général, ils ne se servent tout simplement pour l'exécution des petits canaux et rigoles, mais avec beaucoup d'adresse, que de cordeaux, de fossoirs et de haches, et l'on peut dire que leur savoir-faire en est arrivé à la même hauteur qu'en Allemagne, dans le pays de Siégen, où l'art des irrigations a acquis une grande perfection.

La facilité avec laquelle les entreprises d'irrigation s'organisent et les conflits se résolvent n'est pas moins remarquable. Le partage des frais d'entretien des rigoles et de distribution des eaux ne soulève généralement pas de difficultés,

(1) Il est à remarquer que l'on y savait en même temps admirablement tirer parti de tous les cours d'eau pour le transport, par flottage, des bois de chauffage et de construction; un article relativement récent de feu le conducteur Guérard, inséré dans les *Annales des Ponts et Chaussées* de 1866, en a rendu compte pour l'arrondissement de Saint-Dié, sur l'invitation que je lui en avais faite comme inspecteur de la division; cet article est fort intéressant sur la pratique des irrigations dans cette région.

attendu que « la distribution d'eau se fait par celui qui en est chargé, *absolument « comme si toutes les parcelles lui appartenaient.* »

J'ai recueilli la formule de contrats la plus généralement appliquée à ces entreprises; on la trouvera aux annexes de ce mémoire (annexe A) avec les observations complémentaires qui renforcent encore les avantages de cette pratique, qu'il faudrait pouvoir répandre dans le centre et dans l'est de la France.

Sur la Moselle, en amont d'Épinal, c'est par syndicats que les irrigations principales des prairies riveraines se sont généralement réalisées; on en compte une dizaine, sans parler d'irrigations latérales et autres plus restreintes. Ces syndicats y sont organisés depuis longtemps et correspondent à des surfaces de 5, 15, 16, 18, 40 et 45 hectares; 50 c'est le maximum.

Il en existe aussi plusieurs sur la Vologne, affluent de la Moselle. Leur étendue varie de 25 à 50 hectares, mais il en existe, en outre, beaucoup d'autres organisés librement, comme dans l'arrondissement de Saint-Dié.

A l'aval d'Épinal, comme sur la Meurthe à l'aval de Raon-l'Étape, les associations organisées correspondent à des surfaces plus ou moins considérables (20 à 200 hectares). Leur établissement est plus récent que celui des entreprises analogues à l'amont d'Épinal et de Saint-Dié.

Nous les avons étudiées avec d'autant plus d'intérêt que, pour la plupart, elles étaient de véritables conquêtes sur des terres graveleuses et précédemment d'aucun produit.

Les difficultés d'organisation, eu égard au morcellement des parcelles et à leur nombre, ont été vaincues grâce à une persévérance continue, et cependant, pour toutes, les bénéfices obtenus en mieux-values ont été *considérables*.

Ce sont là des œuvres de la plus haute utilité publique que la loi de 1865 devrait faciliter plus qu'elle ne le fait pour les cas où l'opposition de quelques-uns des propriétaires de parcelles comprises dans le périmètre des entreprises suffit pour en empêcher l'exécution.

Au canal de Bourgogne (1847-1848). — Chargé, à partir de novembre 1847, de la direction du canal de Bourgogne, je m'attachai naturellement avec zèle à l'étude des moyens d'améliorer son alimentation (1); mais, comme je demandai à l'Administration, par une lettre-rapport du 16 juillet 1848, deux conducteurs de plus et une allocation pour ces études, elle n'admit pas mes propositions pour la création de nouveaux réservoirs, ni pour leur utilisation à la fois pour l'alimentation du canal et pour l'*emploi du surplus de leurs eaux en faveur des usines existantes et de fructueuses irrigations à créer*.

Cependant, cette triple utilisation était particulièrement importante, parce qu'elle assurait *le concours* au lieu de *l'antagonisme*, de l'agriculture et de l'in-

---

(1) J'avais publié à un petit nombre d'exemplaires, pour les Ingénieurs et pour l'Administration, un mémoire intitulé : « De la question des chômages d'été sur le canal de Bourgogne » du 3 juin 1848.

dustrie. La réponse du Ministre me prescrivait de ne m'occuper « *que des étanchements* » suivant une circulaire du 16 novembre 1846. Cet incident semblerait prouver que l'agriculture ne préoccupait point alors l'Administration, et c'est cependant quatre mois après ma demande du 16 juillet 1848 qu'était pris l'arrêté du 16 novembre, et émise la circulaire du 17 par le Ministre des Travaux publics, pour organiser les services hydrauliques, et comme conséquence « l'étude de « réservoirs pour développer les irrigations et le colmatage, et favoriser l'industrie « par la création de forces motrices hydrauliques et l'amélioration de celles « existantes. »

Par application de cet arrêté et de cette circulaire, un ingénieur fut, comme ailleurs, attaché, en 1848, au service hydraulique de la Côte-d'Or, sous les ordres de mon successeur au canal de Bourgogne; ce dernier reprit ma proposition du 16 juillet 1848, et dressa quelques projets dont il fit l'objet d'une notice publiée en 1850. On y lit, page 1 : « J'ai exposé, en 1849, la nécessité de rattacher des « études de projets d'irrigation à ceux de la création de ressources alimentaires « pour le canal de Bourgogne. » Puis la notice décrit sommairement les projets de différents réservoirs sur l'Ignon et sur l'Armançon et leur application : 1° à des *irrigations;* 2° à la *création de chutes hydrauliques;* et 3° à l'*alimentation du canal;* l'auteur ajoute avec raison : « Il ne faut pas s'étonner des retards et des ajourne- « ments de la réalisation de pareils ouvrages, car, à part les chemins de fer dont « l'engouement public précipite l'exécution, la *lenteur* est, en France, la *règle*, et « l'exécution immédiate l'*exception* en matière de travaux publics. Comment des « projets d'irrigation modernes échapperaient-ils à cette loi commune? » — Et, en effet, les projets dont il s'agit n'y ont pas échappé; mais il est bon de dire qu'ils appartenaient à la catégorie des grandes entreprises, au lieu d'un commencement par de petites et moyennes; l'auteur, M. Collin, exprime d'ailleurs, page 3, que « *l'insuffisance du personnel* ne lui permettait pas d'entreprendre d'autres « études que celles qu'ils présente. » (1)

(1) J'avais repris, avant le 17 novembre, l'achèvement actif de mon chemin de fer Dijon-Chalon, que j'ai ouvert à la circulation au compte de l'État le 1er septembre 1849, de sorte que n'ayant alors ni service ordinaire ni service de navigation, je n'ai pas reçu la circulaire du 17 novembre 1848, et n'ai aucun souvenir d'en avoir eu connaissance; il se trouve cependant que mon étude du bassin supérieur du Doubs est une application complète de cette circulaire; je ne m'explique ce fait que par la corrélation des principes qui m'ont guidé dans cette étude, avec ceux émis dans mes propositions du 16 juillet 1848.

CHAPITRE III

ÉTUDES ET TRAVAUX D'HYDRAULIQUE AGRICOLE ET INDUSTRIELLE DANS LE DOUBS, DE 1850 A 1861

L'exposé qui précède suffit pour faire apprécier avec quel empressement je me mis à développer les études hydrauliques dans le Doubs, lorsque, fin 1849, je fus envoyé à la tête du service de ce département.

Comme j'y avais été précédemment attaché, pendant quatorze ans, à toutes les spécialités du service ordinaire et aux diverses études et travaux variés des Ponts et Chaussées, j'y rentrais dans de bonnes conditions pour m'y occuper du service hydraulique tout nouvellement créé et doté, par application de l'arrêté du 16 novembre 1848, d'un ingénieur en dehors du service ordinaire.

DÉPARTEMENT DU DOUBS. — SERVICE HYDRAULIQUE. — PROGRAMME DE 1850. DIVISION DES ÉTUDES EN TROIS PARTIES

Je laisse de côté tout ce qui, dans les attributions du nouveau service, n'a pas spécialement eu pour résultat *une mieux-value territoriale.*

A ce point de vue, et en dehors des autres branches du service hydraulique que je n'ai cependant pas négligées (1), je me proposais :

I. — De procéder aux réglementations usinières, partages d'eau et de temps d'emploi et de débit; de faire rechercher, étudier et projeter pour entrer dans une voie immédiate d'exécution *jusque sur les sources et dans le bassin des plus petits cours d'eau,* les entreprises de desséchements, d'assainissements, d'irrigations, fussent-elles de superficies très restreintes, en dresser des avant-projets et s'efforcer de parvenir à en poursuivre l'exécution par l'association des propriétaires intéressés, comme je l'avais vu se réaliser et se développer dans les Vosges, et procéder de même pour les curages et régularisation de cours d'eau.

II. — D'étudier et projeter de grandes entreprises de desséchement de marais et d'irrigations susceptibles d'être mises à exécution par de vastes associations syndicales si possible, ou par concession à des Compagnies, telles que celles de la plaine de Morteau (2), des bassins de Saône et du Croc, des plaines de Champlive et Dammartin, des canaux de dérivation du bassin supérieur du Doubs, etc., etc., études et projets qui figurent, avec leurs documents principaux, dans le compte rendu de 1860, dont il sera question ci-après.

III. — D'étudier complètement par moi-même, à tous les points de vue

(1) J'avais dressé une carte figurative des opérations du service hydraulique et de ses diverses attributions; mais on les trouvera suffisamment expliquées plus loin pages 50, 51, 52 de ce mémoire.

(2) L'ingénieur Vivenot en a dressé un projet bien étudié.

ci-devant formulés, un *bassin partiel bien déterminé*, de manière à dresser et présenter la *statistique synthétique complète de l'aménagement et de l'utilisation agricole et industrielle des eaux de ce bassin*, et pouvoir en faire ressortir les grands résultats d'accroissement de prospérité agricole et d'amélioration du régime des eaux, qui seraient la conséquence de l'exécution des projets dressés dans ce bassin.

QUESTION DES GRANDS AMÉNAGEMENTS D'EAU, LACS ET GRANDS RÉSERVOIRS, LAISSÉE A PART.

Les grands aménagements d'eau par l'amélioration des lacs en montagnes et par la création de grands réservoirs, ainsi que les études d'amélioration et de régularisation du régime des eaux, se rattachent bien aussi aux améliorations territoriales régionales, mais ne sauraient être considérées comme produisant dans un court espace de temps et à l'instar des autres, des mieux-values territoriales dans un périmètre spécial et déterminé; c'est pourquoi nous les considérons et les laissons en dehors *de notre but actuel*, malgré leurs résultats très remarquables sur le régime des eaux et leur haute utilité (1).

Ire PARTIE DU PROGRAMME DES ÉTUDES ET TRAVAUX DANS LE DOUBS

DIFFICULTÉS D'ORGANISATION. — NÉCESSITÉ DE FORMULES DE STATUTS. LEUR APPROBATION ET IMPRESSION.

La première partie de ce programme offrait naturellement, dans son application pratique, des difficultés pour obtenir une organisation d'entente entre les propriétaires intéressés et une acceptation de statuts. Cela était, en effet, loin de réussir aussi bien que dans les Vosges, comme je l'avais à peu près espéré. On parvint cependant à y réussir dans l'arrondissement de Montbéliard et sur un certain nombre d'autres points du département; mais le besoin de formules de statuts plus complexes que celles des contrats vosgiens se faisait sentir avec évidence pour tenir compte des différentes circonstances de chaque entreprise. En conséquence je rédigeai, en 1851, quatre formules qui furent soumises à l'approbation du Conseil général du département et du Ministre, ainsi que les formules d'arrêtés préfectoraux réglementaires.

APPLICATION DE CES FORMULES.

Ces formules furent appliquées à la réorganisation d'associations anciennes de l'arrondissement de Montbéliard, pour y éviter à l'avenir des conflits comme il s'en était produit quelques-uns antérieurement, et, en même temps à l'organi-

(1) J'ai fait ressortir cette haute utilité dans un compte rendu sur le service des inondations.

sation de vingt associations sur différents points du département, puis à en mettre en train d'organisation un bien plus grand nombre d'autres (1).

NÉCESSITÉ RECONNUE D'UN ACCROISSEMENT DE PERSONNEL.

Voyant dans cette situation que les difficultés d'organisation provenaient surtout du manque d'initiative et d'un concours efficace de zèle et même de bonne volonté parmi les intéressés, je reconnus la nécessité d'un accroissement du personnel pour prendre, dans bien des cas, cette initiative qui faisait défaut, et agir même au lieu et place des intéressés non seulement pour l'étude des lieux et celle des avant-projets, mais encore pour la *mise en train des associations*.

C'est alors qu'ayant exprimé mes vœux aux chefs de service de l'Administration, sans en rien obtenir, je fis part de mes vues au Ministre des Travaux publics, dans une audience de juin 1855 et lui adressai, sur sa demande, le 30 juin 1855, une notice où elles étaient sommairement exposées.

NOTICE DU 30 JUIN 1855. — SON ANALYSE. — SON PEU DE SUCCÈS SAUF EN 1857, MAIS ALORS POUR LES ÉTUDES RELATIVES AUX INONDATIONS.

Elle a pour titre : « *Observations et propositions sur l'organisation et le fonctionnement des services hydrauliques.* » — On y voit les études et travaux du service hydraulique, correspondant au chapitre Ier de mon programme de 1850 divisés en trois catégories :

1° Les grandes entreprises ;

2° Les petites et moyennes ;

3° La question de mise en valeur des communaux arides et incultes.

Je laisse de côté le 1° (deuxième chapitre de mon dit programme de 1850, précédemment exposé), sauf à y revenir ultérieurement et à discuter alors la question des grands canaux, tels que ceux concédés et en projet de concession dans les Pyrénées et dans le Midi, etc., etc., et je m'attache ici particulièrement au cas des petites et moyennes entreprises comme dans les Vosges (2).

Parmi les moyens de remédier aux difficultés de réalisation, j'expose que les principaux sont : l'organisation d'un personnel plus complet et, en second

(1) Dans mon compte rendu annuel de 1854 figuraient seize avant-projets comprenant 599 hectares pour une dépense de 259.000 francs et pour réaliser 1.440.000 francs de mieux-values, sans compter les entreprises comprises dans ma statistique synthétique de l'utilisation des eaux du bassin supérieur du Doubs, toutes se réalisaient sans subvention de l'État ni du Département.

(2) J'entends par moyennes entreprises, celles qui, d'une superficie relativement bien restreinte, comparées à celles qui sont l'objet de concessions à de grandes compagnies financières, n'exigent pour se réaliser, d'autres subventions que celle de la gratuité du personnel, de l'étude des projets et de l'organisation syndicale, sauf le cas où quelques ouvrages de l'entreprise se rattacheraient à des intérêts spéciaux de l'État, des départements et des communes et *justifieraient des subventions parfaitement légitimes*, mais en général, *minimes*.

lieu, les mesures à prendre pour favoriser l'organisation des associations syndicales et les prêts d'argent pour les petites et moyennes entreprises; les mesures que j'indique à ce dernier sujet suffiraient pour y pourvoir, d'autant que pour chaque propriétaire (ils sont nombreux par le fait du morcellement) (1), la *dépense est peu de chose, la rémunération prompte à venir et la mieux-value considérable*. Il existe d'ailleurs maintenant des banques dans chaque chef-lieu de canton quelque peu important, et il s'y organise aussi des banques de crédit mutuel qui pourront s'appuyer sur le crédit foncier ou sur un établissement financier spécial (2).

L'expression de mes vœux (voies et moyens d'organisation, etc.) qui faisaient appel à des mesures coercitives, pour remédier à l'opposition persistante des minorités de propriétaires récalcitrants, fut mise de côté et ne reçut aucune suite. C'est pourquoi j'insiste pour qu'on débute (sans ajourner les moyennes quand elles peuvent s'organiser) par les plus petites à l'origine des cours d'eau, parce que les obstacles, oppositions, difficultés ne s'y produisent généralement pas et que l'exemple du succès encourage les suivantes.

Quant à l'accroissement du personnel, bien que j'aie discuté cette question et formulé les moyens de la résoudre, comme je le ferais encore aujourd'hui, je n'obtins que peu de résultats, malgré les bonnes intentions du Ministre.

Ce ne fut que fin 1856 et en 1857, qu'eu égard aux études qui s'imposèrent alors pour combattre les inondations et qui m'étaient attribuées pour les bassins du Doubs, de la Loue et de l'Oignon, j'obtins un accroissement sensible de personnel et de fonds d'études, mais alors le service hydraulique proprement dit (c'est-à-dire de l'hydraulique agricole) n'*en fut* pas renforcé, *au contraire*, attendu que le personnel dont il disposait ne fut appliqué qu'*aux études contre les inondations* et que des projets considérables et nombreux furent dressés dans ce but.

Je laisse de côté pour le moment ces études et projets dont les plus considérables ont été approuvés puis ultérieurement exécutés en tout ou partie (3) et j'en reviens au *service de l'utilisation agricole et industrielle des eaux.*

COMPTE RENDU DE 1860. — DESSÉCHEMENTS. — IRRIGATIONS. — DRAINAGES. — CURAGE ET RÉGULARISATION DE COURS D'EAU. — RÉGLEMENTATIONS USINIÈRES. — MISE EN VALEUR DES COMMUNAUX.

Ce compte rendu a été inséré dans les *Annales des Ponts et Chaussées* de 1860;

(1) M. Guérard, dans sa notice sur les irrigations de l'arrondissement de Saint-Dié, évalue à 15 ares la superficie moyenne des parcelles de prairies comprises dans le périmètre d'une association.

(2) C'est ce qui permet le remboursement des prêts par annuités inférieures à la mieux-value de production résultant des entreprises; très bonne loi nouvelle dans ce but, séance Chambre, 19 juin 1885.

(3) M. Cuvinot, aujourd'hui sénateur, y a coopéré à son début sous mes ordres et a fait exécuter les quais de Besançon à l'amont de Pont-de-Battant, partie du projet général contre les inondations de la ville.

je l'ai complété par l'indication tant des nouvelles études faites que par celle des résultats obtenus ; on peut y voir qu'en procédant simplement par une entente amiable entre les intéressés par des traités et statuts analogues à ceux des entreprises d'irrigation des Vosges, ou par des formules de statuts approuvées et complétées par des arrêtés préfectoraux, le service était déjà parvenu dans le Doubs, sans autre subvention de l'État que celle du personnel et de quelques autres insignifiantes (expériences de drainage, etc.), à des résultats précieux et importants *bien avant la loi votée en 1865 sur les associations syndicales.*

Ce n'est pas seulement dans le Doubs que de précieux résultats analogues avaient été obtenus avant la loi de 1865; j'ai déjà parlé de la multitude des intéressantes irrigations dont j'ai constaté en 1846-47 l'ancienne existence dans les Vosges, comme il y en avait aussi dans les Pyrénées, les Alpes, etc.; je trouve dans le document officiel de statistique agricole soumis au Corps législatif dans sa séance du 6 avril 1864, que si 50 départements étaient encore dépourvus alors d'associations syndicales d'irrigation, 12 en possédaient 385 et 22 autres 365, total 750, sur quoi les Basses-Alpes en avaient 201, la Haute-Loire 153, le Var 61, la Vaucluse 56, et les Bouches-du-Rhône 59, et encore ces nombres ne comprennent certainement pas un nombre considérable d'irrigations organisées par des contrats comme dans les Vosges, mais, comme je ne possède pas de documents sur leur importance ni sur celle de leurs résultats pour être à même de chiffrer leur situation précise, je crois utile de le faire, comme exemple, pour celles que j'ai réalisées dans le Doubs et dont j'ai en main tous les éléments dans mon compte rendu de 1860.

RÉSUMÉ AU 31 DÉCEMBRE 1860 DES OPÉRATIONS
QUI ONT EU POUR RÉSULTATS DES MIEUX-VALUES AGRICOLES.

1°	Anciennes entreprises d'assainissement et d'irrigation réorganisées et remises en état d'entretien et d'exploitation régulière par syndicat, ci .	1.116h,26a
2°	Nouvelles entreprises exécutées	1.016 ,92
3°	— — en cours d'exécution	544 ,80
4°	— — dont l'exécution se prépare activement. .	1.052 ,87
5°	— — à l'étude.	400 ,00
	Total général	4.130h,85a

On peut y ajouter en entreprises projetées, un très grand nombre d'une plus ou moins prochaine exécution . . . . Mémoire.

Drainages.

Il y en avait d'exécutés, à la date susdite, par tuyaux et par pierrées sur une surface de 530h,00a

et un grand nombre d'autres 305h,80a
en train d'exécution ou en études.

Curages et régularisation de cours d'eau.

Exécutés sur une longueur de 154k,185m
Il y avait en outre un assez grand nombre de fragments de curages exécutés par le service des agents voyers, sur des projets dressés par ces agents, mais souvent redressés et perfectionnés, sur la demande du Préfet, par le service hydraulique.

CALCUL ET MONTANT DE CES MIEUX-VALUES.

1° *Assainissements, irrigations, dessèchements.*

En admettant que la totalité du tableau ci-devant ait été achevée et mise en valeur, en comptant 200 francs seulement par hectare de mieux-value pour les anciennes entreprises remises en état et 2.500 francs seulement de mieux-values par hectare pour les entreprises nouvelles réalisées, on arrive au chiffre total de . . . . 7.536.475 fr.

Je retrouve dans un rapport d'un des meilleurs conducteurs attachés au service hydraulique (M. Focillon, actuellement en retraite) les chiffres suivants sur les irrigations d'Osselles et Grand-Fontaine (rive droite du Doubs).

« Pour 33 hectares irrigués 17.500 francs de dépenses « et 118.000 francs de mieux-values au minimum. On peut « étendre beaucoup les irrigations à l'aval, en alternant l'emploi « des eaux. »

3° *Drainages.*

Après expériences faites sur sol marécageux, la dépense moyenne par hectare de drainages exécutés au moyen de tuyaux a été de . . . . 380 fr. »

La mieux-value du revenu a été évaluée à . . . 226 fr. 09 par hectare pour drainages faits en plein marais, ce qui correspondrait à un capital de plus de 4.000 francs en mieux-values territoriales, mais pour rester dans un minimum de mieux-values dans les circonstances ordinaires et les plus fréquentes, mettons-là au chiffre de 2.000 francs, comme pour les irrigations, ci . . 1.060.000

3° *Curages.*

La dépense totale n'a été que de 102.109 fr. 25 c., soit, en moyenne, 66 centimes par mètre courant de cours d'eau. L'amé-

A reporter. . . . . 8.596.475 fr.

Report.	8.596.475 fr.
lioration des terres riveraines par cette opération, surtout quand on peut, tout en se débarassant des crues quand elles sont nuisibles, se *servir des crues limoneuses pour le colmatage d'hiver et fin d'automne*, est productive de fortes mieux-values; en la comptant en moyenne par *kilomètre* de cours d'eau à 20.000 fr. elle serait pour 154^{k},185, environ	3.083,700
Total des mieux-values	11.680.175 fr.

Je considère ce résultat comme très au-dessous de la réalité.

RÉGLEMENTATIONS USINIÈRES ET DE PRISES D'EAU.

Leur nombre s'élevait fin 1860 à 238 et il est à remarquer qu'à cette date, les deux tiers des usines restaient encore à réglementer dans le département et que l'insuffisance du personnel n'avait pas encore permis d'en attaquer la *statistique historique et réglementaire.*

Faisons remarquer qu'il est rare qu'une réglementation usinière qui comporte souvent des partages de débit d'eau, ou de temps de son emploi (jours et heures) ou de l'un et de l'autre, ne procure pas de sensibles mieux-values des terres voisines par des assainissements, des irrigations, des défenses contre les inondations, et que, par conséquent, il résulte de ces réglementations, des mieux-values qu'il faudrait ajouter aux précédentes, mais que nous ne notons ici que pour *mémoire.*

Il faudrait encore ajouter aux mieux-values créées par le service hydraulique du Doubs, celles qui sont résultées, d'après la loi de 1860, de la *mise en valeur de certains communaux* marécageux ou incultes, mais nous en laissons encore de côté le chiffre qui n'a pas été calculé, mais dépasse certainement 500.000 fr.

Nous ne parlons pas non plus des autres attributions du service hydraulique très utiles et très importantes, mais dont la rémunération pour l'intérêt public n'a pas été non plus et ne pourrait que difficilement être évaluée en chiffres-ci pour *mémoire.* Les résultats qui précèdent, obtenus jusqu'en 1860 en mieux-values agricoles dans le département du Doubs en petites et moyennes entreprises et opérations diverses, éparses çà et là sur la surface de ce département, entre 200 et 300 mètres d'altitude, sont assurément très modestes, comme nous le verrons plus loin, par rapport à tout ce que l'on y pourra faire encore.

MIEUX-VALUES PAR L'AMÉNAGEMENT ET L'UTILISATION AGRICOLE DES EAUX DANS D'AUTRES RÉGIONS DE LA FRANCE.

Irrigations. — Il est entendu que je fais abstraction des grands résultats finale-

ment obtenus par les entreprises de grands canaux d'irrigation tels que ceux exécutés (dont plusieurs d'ancienne date) dans les régions méridionales, dans les Alpes, les Pyrénées, etc., et que je n'entends m'attacher ici particulièrement qu'aux mieux-values obtenues par des entreprises d'ordre secondaire.

Je ne possède pas, à ce point de vue, pour d'autres régions françaises, de documents précis et détaillés comme pour le Doubs; mais je puis cependant en produire quoique restreints à des cas isolés les uns des autres, *de très significatifs au point de vue de chiffres considérables de mieux-values réalisées par l'irrigation en petites et moyennes entreprises comme dans le Doubs.*

Nous avons, en effet, en France bien des contrées où, grâce à un bon emploi des eaux, aux artifices employés pour en utiliser le moindre filet, des terres presque sans valeur constituent, à leurs possesseurs, des revenus vraiment exceptionnels. C'est ainsi qu'on rencontre à chaque pas dans les Cévennes des conduites en bois, en pierre, tantôt à fleur de terre, tantôt traversant un chemin ou un ravin, allant répandre la vie sur des sols précédemment arides et incultes.

En Bretagne, des landes antérieurement trop chères à 300 fr. en valent 2.500 aujourd'hui qu'elles sont transformées en prés irrigués.

En Provence, comme dans les Vosges, sur les rives de la Moselle, et comme dans la Crau (1) l'hectare de pré, créé par des irrigations d'eaux troubles, sur terrains de galets, se vend 4.000 fr.

En Touraine, on cite des placements de capitaux en irrigations qui ont produit un intérêt de 42 p. 100.

Dans l'Ain, M. Puvis (ancien prosélyte ardent des irrigations) a obtenu les résultats suivants (2) :

Sur 92 hectares, pour 19.000 fr. de dépenses, 515 tonnes de fourrage au lieu de 300 antérieurement, soit 42 p. 100.

M. Dangeville, à Lamprés (Ain) :

Sur 42 hectares, pour une dépense de 33.480 fr. (3), 5.280 tonnes de fourrage au lieu de 1.440 auparavant.

M. de Monicault, l'un de nos agriculteurs les plus intelligents, a démontré *qu'en général*, dans ce même département, les irrigations doublent et triplent la valeur du sol.

Voici, dans l'Allier, un remarquable exemple de mieux-values obtenues dans une entreprise récente et d'étendue bien restreinte sur un petit cours d'eau ; c'est M. Mage, lauréat de l'irrigation dans le concours régional de son département en 1883, qui nous le donne par sa lettre insérée dans le *Journal des Cultivateurs ;* on y lit :

---

(1) Rapport du Ministre sur la loi de 1845, en faveur des irrigations.

(2) Documents extraits du remarquable ouvrage de M. Maitrot de Varennes, sur les irrigations et desséchements.

(3) Y compris 19.000 francs pour réservoirs.

« Dans ma propriété, j'ai capté les eaux et établi des rigoles pour l'irriguer ; ce « travail a été largement rémunérateur, car, avec 5 à 600 fr. de dépense sur « 2 hectares et 1/2 de mauvais terrain, rapportant, tout au plus, 100 fr. par an, « je suis arrivé à récolter 12 à 15.000 de foin valant environ 600 fr. »

« Une seule année m'a payé tous mes travaux et c'est de l'argent que j'ai placé « à 100 p. 100. »

Dans la Côte-d'Or (arrondissement de Semur), on constate que des terrains qui se louaient de 12 à 30 fr., ont acquis, par l'irrigation, un revenu qui varie de 46 à 180 fr. pour des frais estimés, en moyenne, à 300 fr. par hectare.

Dans la Dordogne, la Commission des irrigations de ce département a publié un rapport de M. Delâtre, duquel il résulte que les irrigations procurent un accroissement de revenus de 200 fr. et de 4.000 fr. de capital par hectare (1); il y est dit aussi que le colmatage, fourni par les eaux troubles, augmente de 2.000 fr. la valeur vénale de l'hectare.

Dans un mémoire de M. Farnaud sur les irrigations des Hautes-Alpes, il est dit que « 744 très petits canaux arrosent 13.246 hectares et ont produit d'énormes « mieux-values. »

Des résultats analogues ont été obtenus par un très grand nombre d'entreprises d'irrigation de petite et moyenne étendue dans les départements du Haut et du Bas-Rhin (2).

Dans un mémoire sur les irrigations du Lot (nous aurons occasion de le citer plus loin), il est dit ce qui suit : « Il y a, sur les versants, des prés irrigués au « moyen de petites rigoles à très faible pente que l'on barre aux extrémités de « chaque dérivation pour faire déverser l'eau, en nappes, d'une rigole supérieure « dans l'inférieure. Ce mode d'irrigation, très perfectionné, fournit un pacage « constant et donne une coupe de foin en juillet. »

Dans la Moselle, des surfaces de sol presque sans valeur ont, depuis qu'elles ont été irriguées, obtenu celle de 5.000 fr. l'hectare (3); il est vrai que la dépense était de 1.200 fr., mais la mieux-value n'en a pas moins été de 1.800 fr.

Dans les Pyrénées-Orientales, les bonnes terres arrosées se vendent de 8 à 10.000 fr. l'hectare.

Il y a déjà bien longtemps que dans la vallée de Pia, près Perpignan, là où les terres non arrosées se vendaient 1.252 fr., celles qui étaient irriguées valaient 2.086 fr., soit un rapport entre elles de 6 à 10. A Campan, le rapport était de 3 à 6.

Dans le Rhône, à Saint-Laurent, le revenu d'une propriété qui n'était que de 1.200 fr., s'est élevé à 6.000 par l'établissement d'une irrigation qui n'a coûté que 12.000 fr.

(1) Ce sont les chiffres admis par la Commission supérieure de l'aménagement des eaux.
(2) M. Raillard, ingénieur de ce département, dans son intéressante brochure sur les irrigations
(3) MM. Coumes, Guerre et Muntz, ingénieurs en chef, et Yundt, ingénieur ordinaire.

Dans Saône-et-Loire, à Autun, des terres qui valaient 900 fr., en valent aujourd'hui 5.000 par l'irrigation.

Dans la Sarthe, un grand propriétaire, en poursuivant l'établissement d'un système complet d'irrigation de 165 hectares, a déjà obtenu, de 49 hectares arrosés, un accroissement de revenu de 230 p. 100 sur le prix de l'ancien fermage.

Dans le département de Vaucluse, les exemples de fortes mieux-values à citer abondent; on y voit un grand nombre de petites et moyennes entreprises, par contrats amiables ou par syndicats, correspondre à des surfaces qui s'élèvent de 5 à 10, 20, 30, 70 hectares et plus.

A Cavaillon, l'irrigation de 2.000 hectares en jardins et prés ont créé une valeur de plus de 20 millions.

Aux environs d'Orange, M. de Gasparin estime que 258 hectares de prés irrigués en ont élevé le produit à 250 fr. par hectare et que des terres d'un prix de ferme de 136 fr. se louent, quand elles sont arrosées, 323 fr.

On cite encore, comme ayant produit de grandes mieux-values, un réservoir de 400.000 mètres cubes construit par une petite commune pour l'irrigation d'une partie de son territoire (1).

Il y aurait bien d'autres exemples qu'on pourrait citer par milliers, prouvant tous que l'irrigation bien entendue donne toujours des bénéfices très considérables.

M. Polonceau, un des fondateurs de l'Institut de Grignon, aussi éminent agriculteur que savant ingénienr, n'hésitait pas à dire :

« Ce n'est plus par millions, mais par centaines de millions qu'il faudrait « compter les augmentations de revenus que procurerait à la France le bon emploi « des eaux. »

« Un calcul modéré, disait M. de Gasparin à la Chambre des pairs, en 1845, « permet de croire qu'un jour, en France, 4 à 5 millions d'hectares sur 32 mil- « lions qu'on cultive pourront être fertilisés par l'irrigation, et qu'en utilisant les « eaux troubles des crues, le revenu de 12 millions d'hectares au moins sera « doublé. »

On peut donc dire que *partout généralement* les plus-values obtenues par l'irrigation sont énormes, non seulement en France, mais de temps immémorial chez les nations étrangères les plus lointaines : l'Orient, la Chine, l'Égypte, l'Inde, comme aussi chez nos plus voisines, car en Suisse même, par exemple, on voit, sur les versants abruptes de la région subalpine, des irrigations fertiliser des prairies sur des sols arides et même des vignes, avec les eaux qui s'échappent des glaciers et à peu de distance de ceux-ci. Il n'y a donc pas lieu d'être surpris que M. Benjamin Vignerte, auteur du *Manuel de l'Irrigateur*, ait pu dire que, « dans le

(1) C'est un exemple de réservoir exécuté comme ceux projetés dans le bassin supérieur du Doubs et dont nous parlerons plus loin.

« Nord, l'irrigation n'a pas pris moins d'extension que dans le Midi, et même les « laboureurs de la Suède et de la Norwège ne se bornent pas à arroser leurs prai-« ries, mais encore beaucoup de terres en labour, dont les produits obtenus sont « plus abondants et plus assurés. »

On peut donc dire que *partout où l'on pourra créer les irrigations où elles n'existent point encore, on en obtiendra des résultats très rémunérateurs* de la dépense qu'elles auront occasionnée.

Desséchements des sols marécageux. — Ils procurent aussi, partout où il y a lieu d'en effectuer, même sur de petites superficies, des mieux-values considérables, analogues à celles obtenues dans la Campine, en Belgique, entre la Meuse et l'Escaut.

Il en sera de même de la suppression des étangs quand la question d'insalubrité l'exigera, mais qu'on pourra, le plus souvent, conserver par des travaux qui en suppriment les causes d'insalubrité et permettent de les utiliser non seulement pour la pisciculture mais aussi comme réservoirs d'aménagement.

On peut voir (*Annales des Ponts et Chaussées*, 5e série, t. XVII, 1879, p. 195), le résumé des magnifiques résultats obtenus dans l'Ain par les travaux d'amélioration de la Dombes, entre autres : accroissement de plus de 50 p. 100 dans le prix de la propriété foncière et augmentation du double dans les revenus de l'État, sans compter la disparition presque complète de la fièvre paludéenne.

Curage et régularisation des cours d'eau. — Les avantages de ces opérations n'ont pas moins été généralement considérables partout où l'on a pu les opérer, et surtout où l'on a pu les compléter par des retenues construites *de manière à permettre l'évacuation des crues quand elles sont nuisibles, et le colmatage des terres riveraines dans le cas contraire.*

L'ingénieur en chef de Sainte-Claire, dans son intéressant mémoire déjà cité (1), dit que du moment où les projets et l'exécution ont été confiés, dans ce département, aux Ingénieurs des Ponts et Chaussées et que la marche de celle-ci a été suivie par application de la loi du 14 floréal an XI, 118 kilomètres ont été curés, 9,000 hectares améliorés et 6.500.000 fr. de mieux-values réalisées, soit plus de 720 fr. par hectare.

M. Raillard, dans sa brochure de 1865, déjà citée, dit, avec raison, « qu'en « fait de curage, etc., on a pu, par application de cette même loi, réaliser, dans « tous les départements, de très notables ameliorations. » Or, généralement, les mieux-values réalisées n'ont pas été inférieures à celles que je viens de citer et qui sont analogues à celles obtenues dans le département du Doubs.

Assainissements par drainage. — Ils occasionnent aussi, partout où on les applique avec discernement, de considérables mieux-values, sans compter qu'il

(1) *Géologie et utilisation des eaux dans le département du Lot* (*Annales des Ponts et Chaussées*).

arrive souvent qu'il est possible d'utiliser les eaux qui s'écoulent des rigoles de décharge et même des champs drainés pour l'irrigation des terrains inférieurs.

M. de Sainte-Claire évalue à 45.000 hectares la superficie à drainer dans le Lot et dit que, d'après l'expérience acquise par les drainages partiels exécutés, le drainage des 45.000 hectares coûterait, au maximum, 15.750.000 fr., et procurerait une mieux-value de 750 fr. net par hectare, analogue à celle obtenue dans le Doubs, mais qu'il regarde néanmoins comme un minimum.

Assainissements par fossés et par rigoles ouvertes. — L'application de ce procédé très simple à la mise en valeur des landes de Gascogne a été projetée et réalisée par l'Ingénieur Chambrelent (aujourd'hui Inspecteur général en retraite), à ses risques et périls, sur 200 hectares à lui appartenant; cet exemple a été si concluant qu'une loi du 19 juin 1857 fut rendue pour la faire appliquer par circonscriptions partielles communales et privées, aux 650.000 hectares de landes. La mieux-value réalisée dans le même système était déjà, en 1859, d'au moins 12.000.000 sur 20.000 hectares, et le Conseil général de la Gironde l'a évaluée, en 1862, à 100.000.000 pour les 100.000 hectares assainis et transformés en culture forestière par application de ladite loi.

IIIe PARTIE DU PROGRAMME DE 1850. — PROJETS D'IRRIGATIONS, DESSÉCHEMENTS, ETC.

ET

MIEUX-VALUES A RÉALISER DANS UN BASSIN DÉTERMINÉ.

Ce qui précède en mieux-values obtenues par la réalisation d'entreprises éparses sur le territoire ne peut pas faire apprécier tout ce qu'on pourrait obtenir en réalisant, dans un périmètre déterminé de la même région, une utilisation complète de ses eaux.

Je vais, pour cette appréciation, résumer mon travail rédigé dans ce but, sur les 60.000 hectares du bassin supérieur du Doubs, en laissant de côté la seconde partie de mon programme d'études de 1850, c'est-à-dire de celles relatives, sur d'autres points du département, aux *grandes entreprises qui ne seraient réalisables que par l'État ou par concession à des Compagnies.*

STATISTIQUE SYNTHÉTIQUE DE L'AMÉNAGEMENT ET DE L'UTILISATION DES EAUX DU BASSIN SUPÉRIEUR DU DOUBS, EN AMONT D'ARÇON.

Exposé sommaire descriptif.

J'ai dit précédemment que je m'étais proposé, quant au service hydraulique (en dehors de ses attributions courantes), l'étude de grandes entreprises d'aménagement, l'étude et la réalisation principalement du plus grand nombre possible d'entreprises spéciales petites et moyennes de desséchement, d'irrigation, puis enfin l'étude, d'autre part et à fond, de tout ce qui, en fait d'aménagement, d'amélioration de régime et d'utilisation agricole et industrielle des eaux, pouvait être projeté *dans un bassin hydrographique déterminé.*

C'est le bassin supérieur du Doubs, en amont d'Arçon, que j'ai choisi et qui comprend quatre volumineux dossiers (1).

Les quarante-cinq entreprises dont se compose l'avant-projet général se subdivisent comme il suit :

Six absolument indépendantes les unes des autres et de toutes les autres;

Vingt groupées seulement par bassins d'affluents du Doubs, affluents dans lesquels elles peuvent très bien cependant être exécutées *chacune séparément* des autres comprises dans le même bassin;

Quinze sont rattachées pour leur amélioration définitive à une grande dérivation du Doubs qui compléterait leurs réserves, et, par conséquent, l'alimentation des irrigations qui en font partie, mais qui, cependant, peuvent très bien être exécutées séparément les unes des autres *sans attendre cette amélioration définitive;*

Deux se rattachent à une autre dérivation du Doubs dite de la Cluse, mais peuvent être aussi, en très majeure partie réalisées avant qu'on en vienne un jour à cette dérivation;

Enfin huit qui exigent, préalablement à la majeure partie de leur exécution, un creusement et une régularisation du cours du Doubs sur une certaine étendue, travail qui pourra s'exécuter par l'État et par le département ou par une association syndicale des communes intéressées, ou encore par une des trois parties : État, département ou communes, subventionnée par les deux autres, mais plutôt et mieux par l'État.

On voit par ce qui précède qu'en laissant de côté, jusqu'à nouvel ordre, ces huit dernières entreprises et même encore celle du Bas-Drugeon, en raison de sa vaste étendue et des difficultés qu'elle pourra présenter pour le règlement des intérêts de quelques usines, on voit, dis-je, que sur quarante-cinq entreprises, trente-six pourront être exécutées sans, pour ainsi dire, recourir à d'autres ressources qu'à l'intervention active du personnel du service, peut-être bien cependant pour quelques-unes à des subventions de peu d'importance de l'État, du département et des communes, d'autant pour celles-ci, qu'elles y seront quelquefois les plus intéressées par leurs parcelles communales.

Voici le tableau résumé des 45 entreprises et des résultats de leur exécution au triple point de vue des forces motrices industrielles, de l'aménagement des eaux par réservoirs et de leur utilisation agricole par prairies irriguées :

---

(1) Plans au 1/10.000 et nivellements généraux, avant-projet d'ensemble composé de vingt pièces, avant-projets de détail (45 entreprises), formules de statuts d'association et d'arrêtés homologatifs.

TABLEAU DES DOCUMENTS SOMMAIRES

ET DES RÉSULTATS ÉCONOMIQUES DES DESSÈCHEMENTS DE MARÉCAGES, DES AMÉNAGEMENTS PAR RÉSERVOIRS ET DE L'UTILISATION AGRICOLE ET INDUSTRIELLE DES EAUX DU BASSIN SUPÉRIEUR DU DOUBS, EN AMONT DU VILLAGE D'ARÇON, DONT LA SUPERFICIE TOTALE EST DE 60.000 HECTARES.

Résumé de l'utilisation industrielle des eaux du bassin.

NOMBRE actuel des usines.	NATURE des usines	NOMBRE d'usines à créer.	FORCE MOTRICE actuelle	FORCE MOTRICE après les travaux.	OBSERVATIONS
80	Moulins, scieries et forges.	6 196ch,38 en scieries surtout.	2.476ch,99 en chevaux vapeur	2,510ch,28	En raison des modifications apportées au régime des eaux et à leur emploi principalement agricole, l'accroissement de force motrice industrielle ne sera que de 33ch,39, mais elle sera plus uniforme, plus constante, ce qui sera une grande amélioration, sans compter l'accroissement de force qui résultera de l'emploi de moteurs hydrauliques meilleurs qu'ils ne sont dans la plupart des usines qui ne retirent que 25 p. 100 de la force motrice de leur débit d'eau et de leur chute.

TABLEAU SOMMAIRE DES AMÉNAGEMENTS D'EAUX

PAR RÉSERVOIRS ET DES 45 ENTREPRISES DE DESSÈCHEMENT ET D'IRRIGATION, DE LEURS SUPERFICIES, DÉPENSES, MIEUX-VALUES, BÉNÉFICES NETS.

AMÉNAGEMENT DES EAUX PAR RÉSERVOIRS — Tableau des réservoirs projetés, de leur capacité et volume annuel réservé			UTILISATION AGRICOLE DES EAUX dans les 45 entreprises.			
Nombre de réservoirs	Capacité en mètres cubes	Volume annuel aménagé	Surfaces	Dépenses	Mieux-values	Bénéfices nets
	mc	mc	entreprises h.			
21	au-dessous de 300.000	de 39.840 à 297 600	2 de 10	1.631.000f	5.596.100f	3.965.100f
9	de 300.000 à 500 000	de 300.800 à 486.000	26 de 10 à 50			
2	de 500.000 à 1 000 000	de 688.000 à 694.000	9 de 50 à 80			
4	de 1.000.000 à 3.494.450	de 1.033.200 à 3.494.450	4 de 80 à 100			
			1 de 145	130.000	401.300	271.300
36	16.978.360mc	50.850.720mc (1)	1 de 154	585.000	1.708.900	1.123.900
			1 de 617	623.000	1.793.100	1.170 100
			1 de 2 670	2 800.000	8.701.100	5.901.100
			45 de 5.664	5.769.000	18.200.500	12.431.500

(1) Les réservoirs se vident et se remplissent plus ou moins complètement pendant les basses et les grandes eaux.

En ne considérant dans ce tableau que les résultats agricoles, on y voit que, pour les 41 premières entreprises de petites superficies comprises entre 2 et 100 hectares, le bénéfice net de leur exécution s'élèverait à 3.965.100 fr.
que pour 3 autres de 145 à 617 hectares, qui peuvent chacune être considérée comme moyenne, le bénéfice net de leur exécution s'élèverait à . . . . 2.565.300 fr.

Total pour les 44 petites et moyennes entreprises, ci. . . 6.530.400 fr.

En y comprenant la dernière entreprise, celle du Bas-Drugeon, de 2.670 hectares qui ne valent rien aujourd'hui et qui acquièreraient une valeur d'environ 3.000 francs par hectare, ce qui produirait une mieux value de. . 8.701.000 fr.
on arriverait à un bénéfice net de. 5.901.100
Total du bénéfice net, en supposant les 45 entreprises réalisées, ci. 12.431.500
correspondant pour une dépense de 5.769.000
à une mieux-value territoriale de 18.200.500
qui se traduirait en une augmentation de produit territoriaux, comme il suit :

	22.231.000	kilos de fourrages de plus,
	8.160	vaches de plus.
	881.280	kilos de fromages de plus,
	13.244.000	kilos de paille de plus,
	2.147.730	kilos, ou
	42.955	hectolitres de céréales de plus,
c'est-à-dire par cet ensemble	811.829 fr. 38	de revenus de plus,

ce qui, en capital argent, correspond à peu près au chiffre précité
ci . . . . 18.200.500 fr.

Et encore cela ne comprend-il pas le produit à retirer de l'existence des 36 réservoirs, tant par la pisciculture que par la vente des glaces qui se formeraient chaque hiver à leur surface. La vente de celles que l'on retire aujourd'hui, chaque hiver, de la surface des lacs ou de quelques réservoirs ou étangs de l'arrondissement de Pontarlier, tant pour les brasseries que pour l'exportation, est considérable.

Enfin, il ne faut pas omettre de dire qu'en dehors des améliorations usinières et des mieux-values agricoles, il résulterait aussi de l'exécution des 45 entreprises une amélioration très importante du régime des basses eaux et des crues de tous les cours d'eau du bassin.

ENTREPRISES RÉALISÉES DANS LE BASSIN SUPÉRIEUR DU DOUBS. RETARDS POUR LE PLUS GRAND NOMBRE.

Mais, de toute cette brillante perspective que nous venons d'exposer, qu'y a-t-il eu de réalisé ?

Très peu, en raison des causes exceptionnelles et persistantes jusqu'à ce jour (nous les ferons connaître tout à l'heure) qui se sont opposées à un développement actif de mise à exécution.

Il n'y a, en effet, jusqu'ici d'exécuté, que quelques entreprises partielles, par le concours des communes et des propriétaires intéressés, savoir :

Les marais deVuillexin et de Vaux transformés en prairies sur leurs rives et en pâturages pour les points où, malheureusement, le travail depuis longtemps exécuté en majeure partie, n'a pas été poursuivi et, par conséquent, les résultats possibles pas encore obtenus;

Une amélioration sensible mais incomplète des marécages de l'entreprise de Châtel-Blanc;

L'assainissement des prés marécageux de Vaux et de Bonnevaux (entreprises dites du Martinet de Vaux), où s'est réalisée une forte mieux-value qu'on peut évaluer au minimum de 180,000 francs.

L'entreprise d'irrigation de la *Grande-Oie*, comprenant la mise en valeur par l'irrigation, d'environ 58 hectares de terrains arides du prix de 250 francs au plus l'hectare (1).

Les travaux, exécutés en 1862, ont coûté environ . . . . 11.000 fr.
n'ont pas duré plus d'une campagne et, au bout de 18 mois, la valeur des fourrages produits s'est élevée à plus de . . . . 7.000 fr.

Par suite de circonstances qu'il est inutile d'exposer, toute l'entreprise dans son ensemble a été mise en vente aux enchères et s'est vendue . . . 72.000 fr.
à un seul propriétaire qui ne la céderait pas aujourd'hui pour 90.000 francs, car il en tire net 4.000 francs par an ; c'est donc une entreprise dont l'exécution a produit un bénéfice net de plus de 200 p. 100!

Enfin l'entreprise partielle de Notre-Dame-du-Lac, qui a donné les résultats définitifs consignés dans une notice que j'ai sous les yeux et qui se résument comme il suit :

« Les dépenses des travaux divers en abaissement des eaux du petit lac
« de Bouverans, en assainissement de marécages et de terres riveraines de très
« maigre valeur, ne se sont élevées qu'à la somme de. . . . . 30.000 fr.
« et les mieux-values réalisées, évaluées au minimum, se sont
« élevées à . . . . 215.000 fr.
« d'où résulte un bénéfice net de plus de 6 fois la dépense ! » (2).

J'ai parcouru, l'an dernier, la majeure partie des lieux sur lesquels portent les 45 entreprises et j'ai vu sur différents points quelques commencements partiels de travaux d'assainissement qui ont amélioré et quelque peu étendu les prairies riveraines, mais sans rien voir de terminé comme ce qui a été fait pour l'entreprise de Notre-Dame-du-Lac, ni pour celle des 58 hectares de l'entreprise de la Grande-Oie, mais j'ai acquis la certitude que, partout où l'on parviendrait à faire mettre la main à l'œuvre de telles ou telles entreprises ou fractions

(1) Cette entreprise et la précédente ont été exécutées par l'Ingénieur Cuvinot, déjà cité.

(2) L'entreprise réalisée n'est guère que le quart de celle de Notre-Dame-du-Lac, et cependant il a fallu pour aboutir, l'intervention active des Ingénieurs, de M. Couturier, conducteur faisant fonctions d'ingénieur, du Maire de Bouverans et de M. Vandel, grand industriel du pays, comme chef de l'association syndicale.

d'entreprises du projet général, on obtiendrait des résultats analogues à ceux précités des deux entreprises ci-dessus.

J'ai même remarqué, sur divers points, qu'en dehors des limites de quelques-unes des 45 entreprises du projet général, il existait de petits bassins de sources et de petits marécages à dessécher qui sont restés en dehors des avant-projets et qui pourraient rentrer dans la catégorie de celles à surfaces très restreintes dont l'exécution, réalisée à peu de frais et à court délai, ne serait pas à dédaigner dans les circonstances actuelles.

Je répète d'ailleurs, que, pour la plupart des 45 entreprises projetées, il est facile de les fractionner de manière à pouvoir en réaliser facilement une partie dont les bons résultats seraient un exemple à suivre pour le reste. L'entreprise du Bas-Drugeon pourrait elle-même se subdiviser à la rigueur en plusieurs sous-entreprises désignées et délimitées au nombre de quatre sur le plan général au 1/40.000e. La possibilité et la facilité de ces subdivisions ont été signalées dans le rapport descriptif de l'ensemble des entreprises et précisées dans celui de chacune d'elles; j'ai ajouté que, pour presque toutes, *des subventions ne seraient pas nécessaires en raison des fortes mieux-values évidentes et à obtenir à court délai.*

Lorsque les entreprises s'organiseraient plus en grand, les petites réalisées et comprises dans le périmètre d'une plus grande, fusionneraient facilement avec elle et en retireraient certainement un notable accroissement de mieux-values.

Il en serait ainsi partout où l'on procéderait de la même manière.

CAUSES QUI SE SONT OPPOSÉES AU DÉVELOPPEMENT D'EXÉCUTIONS D'UN PLUS GRAND NOMBRE DES 45 ENTREPRISES.

Il n'est pas inutile de signaler ici ces causes, parce qu'elles ont aussi sans aucun doute occasionné, dans beaucoup de départements, l'ajournement de nombreuses entreprises analogues projetées ou en étude.

Même avant l'achèvement des études (1), des tentatives d'exécution ont eu lieu à partir de fin 1851, plusieurs maires des communes intéressées ont successivement demandé communication des projets portant sur leur territoire; mais bien des obstacles, des oppositions et des difficultés se sont élevées comme pour les entreprises de la première partie de mon programme de 1850 et même d'une toute autre nature : celle des amodiataires de chasses au marais.

---

(1) Toutes les études essentielles ont été terminées en 1852, ainsi qu'un premier mémoire sommaire d'ensemble et un certain nombre de mémoires s'appliquant à telles ou telles entreprises. Le tout, communiqué au Conseil général du département, a donné lieu à un vote très approbatif du 2 septembre 1852 et à une première enquête sommaire. Le mémoire général a été recomposé en 1856, ainsi qu'une partie des rapports spéciaux d'un certain nombre d'entreprises.

C'est alors qu'il eût fallu maintenir et accroître le personnel hydraulique sur les lieux pour agir en faveur des entreprises les plus faciles à réaliser et insister sur leur exécution; mais de considérables études toutes différentes se sont alors impérieusement imposées à partir de septembre 1852 et en 1853-54 et 1855 au nom du département et de l'État (1); puis sont ensuite survenues celles des moyens de prévenir, d'atténuer et d'éviter les inondations. Le personnel du service hydraulique a été absorbé par ces nouvelles études de projets qui ont porté sur Besançon, Montbéliard, sur d'autres petites villes et sur 32 villages, sur des projets de régularisation et de défense sur toute l'étendue des cours d'eau du Doubs inférieur et de la Loue, ainsi que sur d'autres points supérieurs les plus endommagés sur les bords de ces rivières, puis sur l'étude de l'aménagement des eaux des bassins de plusieurs rivières secondaires, sur celles d'aménagement des lacs en montagne et d'autres grands réservoirs.

Il n'en fallait pas plus pour faire laisser de côté les entreprises d'hydraulique agricole.

CAUSES EXCEPTIONNELLES ET PERSISTANTES JUSQU'A CE JOUR, MAIS ARRIVÉES A LEUR TERME POUR CETTE RÉGION DE HAUTES MONTAGNES.

Il existait, outre l'insuffisance du personnel, une autre cause d'ajournement particulière à cette région de hautes montagnes (entre 800 et 1.000 mètres d'altitude); c'est que le climat et la nature du sol des mamelons et des coteaux y est favorable à la production fourragère, de telle sorte qu'au fur et à mesure que les voies de transports y facilitaient l'importation des blés et farines des pays bas et que la cherté et la rareté de la main-d'œuvre s'accroissaient de jour en jour, on y abandonnait progressivement la culture arable, en laissant la nature y substituer des prairies sèches, productrices d'une coupe de bons fourrages et de bons regains livrés à la pâture; on obtenait ainsi sans frais la possibilité d'élever un peu plus de bétail et de se procurer une plus grande quantité de fumier d'étable qui permettait par une culture plus intensive, d'accroître beaucoup la production

(1) En effet, à partir de septembre 1852, il a fallu reprendre la question du tracé du chemin de fer de Dijon à Mulhouse par la vallée du Doubs, ce qui a exigé de nombreux rapports (cartes et plans avec notices économiques, techniques, industrielles, stratégiques). Cette question résolue le 14 avril 1853 au Conseil général des Ponts et Chaussées, ne l'a été par une nouvelle loi qu'en 1854. Il a fallu aussi produire au Conseil général du Doubs, pour sa session d'août 1853, un avant-projet général du chemin de fer de Besançon à Morteau avec embranchement sur Pontarlier, et en 1855 jusqu'à la fin de 1856, un travail considérable demandé par le Ministre des Travaux publics pour l'étude comparative, à tous les points de vue, des différents tracés d'un chemin de fer transversal aux monts Jura, de Dôle sur Pontarlier, Morteau et la Suisse par le Locle, les Verrières et Jougne; on comprend ainsi qu'en dehors du service courant et d'études et travaux de routes, il n'était pas possible d'attacher le personnel à des entreprises embarrassées d'obstacles et d'oppositions, au lieu de demandes de prompte exécution; aussi, en outre des dossiers de projets restés dans les archives, beaucoup de projets partiels envoyés à des maires sont-ils restés sans suite.

des céréales sur le même champ où auparavant elle était de 30 et jusqu'à 50 p. 100 inférieure à ce qu'elle y est aujourd'hui.

C'est ce que j'ai constaté dans l'excursion que j'ai faite cette année dans cette région.

Quelques cultivateurs que j'ai consultés m'ont même affirmé que, dans bien des communes, le produit sur l'ensemble des terres arables d'une étendue cependant très réduite, était presque équivalent à ce qu'il était autrefois.

Mais ils sont maintenant à bout de ce système; il faut qu'ils reviennent à une culture plus large des *céréales* par la double raison que leurs blés et leurs avoines sont, comme on le savait déjà d'ancienne date, d'une qualité très supérieure à celles qu'ils importent chez eux des pays bas où ils exportent, au contraire, les leurs *pour semences*. Ils auront désormais par le développement de cette culture des céréales plus de paille pour leurs étables; mais, avant tout, il leur faut obtenir plus de fourrage par le desséchement de leurs marécages et par les irrigations, même en y comprenant les terres arables de maigre valeur qui peuvent être enclavées dans le périmètre des irrigations, d'où ressortira plus de bétail et de tout ce qu'il s'ensuit.

N'omettons pas de faire observer que de temps à autre, les printemps secs réduisent de beaucoup le produit des prés non irrigués substitués à des cultures arables et que c'est, dans ces années-là, une disette de fourrages qu'il faut compenser et qui amoindrit très notablement les avantages de cette substitution.

La cause exceptionnelle que je viens d'exposer est donc arrivée à son terme d'influence, et je crois même pouvoir affirmer que si, depuis un certain nombre d'années, tout le personnel des Ponts et Chaussées n'avait pas été absorbé par des études et travaux de chemins de fer, etc., en outre du service courant, *un bon nombre d'entreprises de desséchements, d'irrigations serait, sans aucun doute, aujourd'hui en activité.*

J'ai pensé, malgré la trop grande étendue pour les lecteurs des observations exposées dans les paragraphes qui précèdent, qu'il n'était pas néanmoins inutile de les faire connaître, par la raison que des circonstances analogues ont pu produire dans bien d'autres régions de longs ajournements de même nature pour un grand nombre d'entreprises très fructueuses d'aménagement et d'utilisation agricole des eaux.

CHAPITRE IV

APPLICATION DE CE QUI PRÉCÈDE A LA FRANCE ENTIÈRE.

LA MARGE POUR L'AMÉNAGEMENT ET L'UTILISATION AGRICOLE DES EAUX EN FRANCE EST TRÈS CONSIDÉRABLE.

Département du Doubs. — Il n'existait, dans le département du Doubs, en 1850, en prairies irriguées ou assainies, qu'une surface de 1.966^{hs},56, pour une superficie départementale de 532.895 hectares et pour une superficie de prés secs et pâtures de 79.432 hectares. Nous avons vu, d'autre part, que les entreprises réalisées jusqu'en 1860 par le service hydraulique et dispersées sur la surface du département avaient porté sur 4.440 hectares environ.

Dans notre lettre d'envoi (4 avril 1860) du tableau de la statistique des irrigations dans le Doubs, on lit ce qui suit :

« Dans ce tableau ne figurent que les irrigations qui fonctionnent actuelle- « ment; mais il existe dans le Doubs, un certain nombre d'entreprises pour la « réalisation desquelles les associations syndicales organisées vont se mettre à « l'exécution de leurs travaux. Elles sont au nombre de 9 et s'appliquent à 241 « hectares; il y en a dix autres dont les projets sont dressés et pour lesquelles « on s'occupe d'organiser les associations; elles portent sur 481 hectares; toutes « produiront de très grandes mieux-values. »

« L'exécution des 45 entreprises du bassin supérieur du Doubs augmenterait « la surface irriguée de 5.664 hectares, la surface totale ne s'élèverait encore « qu'à 13, 492,^{hs}56; mais il va sans dire que ces 19 entreprises de surfaces « restreintes, sont en dehors de celles bien plus considérables sur lesquelles por- « tent quelques avant-projets généraux pour une surface de 7.000 hectares ni « celles analogues pour lesquelles il n'existe point encore d'avant-projet, et il faut « remarquer que quant aux entreprises de petite et moyenne surface, le service « hydraulique ne s'est occupé, çà et là, que de celles pour lesquelles il était le « moins difficile d'organiser l'association des intéressés; or, les 522.895 hectares de « la surface du département (plus de 8 fois celle du bassin supérieur du Doubs) se « divisent en *bassins ouverts*, c'est-à-dire en parties de tous les points desquels on « peut arriver par une suite de pentes sans interruption jusqu'aux thalwegs des « vallées continues, et en *bassins fermés* qui occupent près du quart des 522.895 « hectares précités. »

Bassins ouverts. — Pour les bassins *ouverts*, on pourrait obtenir, cela me paraît hors de doute, bien qu'il y ait beaucoup moins de dessèchements à y faire, au moins la même superficie d'irrigation que sur les 60.000 hectares du bassin supérieur du Doubs.

Bassins fermés. — Quant aux bassins *fermés*, dont les bas-fonds sont souvent couverts de marécages et où les eaux se perdent dans des entonnoirs, l'aménagement et l'utilisation des eaux n'y seraient pas moins très fructueux que sur les bassins ouverts. On pourrait même, comme je l'avais projeté, au Creux-sous-Roche, pour le bassin fermé du marais de Saône, élever, au moyen d'une turbine ou de béliers hydrauliques, par la force motrice des eaux qui se perdent dans l'entonnoir, une bonne partie de ces mêmes eaux pour leur aménagement et leur utilisation dans les terres riveraines; il s'y trouve aussi sur quelques points, des *cascades* d'une utilisation plus facile encore que celle des eaux qui s'engouffrent dans des entonnoirs (1). D'ailleurs, sans même recourir à ces moyens mécaniques, les sources et les ruisseaux qui découlent des terrains supérieurs dans chaque bassin fermé, avant de se rendre aux entonnoirs, se prêteraient partout à des irrigations qui n'y existent point encore, de sorte que nous pouvons dire que, sur toute la surface du département, des irrigations peuvent se réaliser et leur superficie s'élever de 40 à 50.000 hectares probablement même à 80.000.

On voit ainsi que *ce qui reste à faire est* considérable par rapport aux 6.000 hectares environ de prairies qui étaient irriguées au 4 avril 1860, et que le tout ou tout au moins une forte partie serait d'une organisation possible par associations libres ou autorisées, sans y comprendre de grandes entreprises de canaux de dérivation susceptibles par leur étendue d'être l'objet de concession à des compagnies financières.

Voici, tel que je l'ai publié en 1860 dans mon compte rendu, le tableau des mieux-values que le développement des opérations du service pourra réaliser à l'avenir, sans supposer même que l'on procède à l'exécution d'un vaste réseau possible de grands canaux d'irrigations (2) tracés par monts et vaux sur des collines desséchées et sur de vastes territoires pour y porter l'abondance et la fertilité, sans admettre encore les nombreuses *créations* industrielles qu'encouragera l'amélioration du régime des eaux, en ne supposant, en un mot, qu'*un actif développement des entreprises les plus fructueuses*, en dessèchements, assainissements, curages et régularisation du lit des cours d'eau, drainages, irrigations.

On remarquera que nous avons, comme de juste, compris dans le tableau suivant, les mieux-values qui résulteraient de la réduction des chômages des usines par moins de durée des eaux basses et des grandes crues, et par plus de durée des eaux moyennes, c'est-à-dire par plus de régularité dans le débit des cours d'eau.

(1) Nous relevons, sur l'*Annuaire du Doubs*, environ 90 cascades et entonnoirs, où s'engouffrent les eaux des ruisseaux qui existent dans les bassins fermés.

(2) Tel que le réseau projeté dans notre avant-projet général du bassin supérieur du Doubs, et cependant il faudra bien qu'un jour vienne où ces canaux s'exécuteront.

TABLEAU DES MIEUX-VALUES PROGRESSIVEMENT RÉALISABLES DANS L'AVENIR PAR L'AMÉNAGEMENT ET L'UTILISATION DES EAUX DANS LE DÉPARTEMENT DU DOUBS.

INDICATIONS des améliorations d'hydraulique industrielle et agricole à réaliser	Quantités sur lesquelles doivent porter les améliorations	Mieux-values par unité	Mieux-values totales	OBSERVATIONS
	h.	fr.	fr.	
Marais à dessécher. . .	4.000	3.000	12.000.000	Ces surfaces qui sont aujourd'hui presque de nulle valeur sont susceptibles pour la plupart de devenir de première qualité par le desséchement.
Terrains à drainer. . .	18.000	1.500	27.000.000	Les mieux-values obtenues jusqu'ici par les drainages exécutés se sont élevées à plus de 2.500 fr ; une moyenne de 1.500 est donc très modérée et au-dessous de la réalité.
Terrains à irriguer. . .	80.000	1.500	120.000.000	Jusqu'à présent les irrigations ont produit une mieux-value supérieure à 3.000 fr. par hectare ; la mieux-value adoptée ici est donc également au-dessous de la réalité.
	kil.			
Curage de cours d'eau, régularisation, fixation des rives, etc.	800	1. 00	8.000.000	On ne comprend ici que les cours d'eau qui peuvent être ou qui ont besoin d'être curés. En moyenne, le curage d'un cours d'eau assainit ou améliore une zone de terrain que nous estimons avoir une largeur de 50 m., soit donc une surface de 5 hectares par kilomètre ; il y a aussi à compter la conquête faite sur les flaques d'eau, sur les superficies riveraines couvertes de joncs, sur les trop grandes largeurs, etc.
	us.			
Réduction des chômages des usines. . . .	600	10.000	6.000.000	Une mieux-value de 10.000 fr. ne représente sur le revenu qu'une augmentation de 500 fr. Or, comme ce sont particulièrement les usines les plus importantes qui profiteraient le plus des travaux d'amélioration mentionnés au chapitre II, ces usines obtiendraient une mieux-value bien supérieure à la moyenne que nous admettons.
			173.000.000	

Or, cent soixante-treize millions représentent les 34 p. 100 de la valeur territoriale totale du département (1)!..

Dans le Jura. — Le département du Jura est, pour la majeure partie de la surface, dans les mêmes conditions que le Doubs, bien qu'elle soit de 23.000 hectares environ inférieure à celle de ce dernier, nous ne pensons pas que l'accroissement possible des irrigations puisse être de moins de 50.000 hectar., comme

(1) Voici le tableau de cette évaluation

Tableau de la valeur territoriale du département du Doubs.

Terres labourables.	231.663.986 fr.	*Report.* . . .	501.336.278 fr.
Prés	120.291.590	Landes, pâtures	39.161.599
Vignes.	29.786.824	Jardins, chenevières.	28.476.133
Bois	119.593.878	Chantiers, tourbières, marais.	93.997
A reporter. . . .	501.336.278 fr.	Total. . . .	569.068.007 fr.

dans le Doubs; ce serait plutôt le contraire en raison de l'aménagement des lacs en montagne, des larges versants à pentes douces, des rivières du Doubs inférieur et surtout de la Loue, ainsi que des plaines de la Bresse qui font aussi partie de ce département, et sur lesquelles il y a beaucoup à faire pour l'organisation des étangs (1) et pour l'assainissement et les irrigations.

En dehors des petites et moyennes entreprises, il pourrait y avoir lieu pour les rives du Doubs et de la Loue, à de grandes entreprises de canaux d'irrigation d'une assez vaste portée pour être, quand le moment opportun en serait venu, l'objet de concessions à des compagnies.

Départements des bassins de la Saône et de la Seine. — Il va sans dire que les départements des régions inférieures et que ceux de la Bourgogne et du bassin de la Seine ont, au point de vue où nous les envisageons (c'est-à-dire de l'amplitude des irrigations possibles), de plus larges lacunes à combler que ceux de la frontière.

C'est ainsi que le département de l'Yonne, dont la superficie est de 738.000 hectares, ne possède encore, malgré d'excellentes conditions de nature de sol et de cours d'eau, que 3.758 hectares d'irrigations organisées et exploitées par la main de l'homme, principalement dans les arrondissements de Sens et de Joigny (2).

Dans la *Côte-d'Or*, le programme des irrigations à entreprendre dans ce département (programme inséré dans le procès-verbal des séances du Conseil général de 1849) fait assez ressortir combien il y en reste à faire sur la Saône, le Serain, l'Ouche, la Seine et bien d'autres rivières et ruisseaux, et encore, ce programme ne renferme-t-il que de grandes et moyennes entreprises, au lieu de se compléter par celui de petites innombrables entreprises d'irrigation d'été, d'hiver, etc... et d'assainissement jusque sur les plus petits affluents des rivières précitées.

Départements du Haut-Rhin et des Vosges. — Remontons vers le nord et nous arrivons dans l'arrondissement de Belfort, où les irrigations sont multipliées et pratiquées avec succès, et peuvent se multiplier encore comme dans toute l'étendue des versants de la rive gauche du Rhin, puis nous arrivons dans le département des Vosges.

Département des Vosges. — Quoique ce département soit celui de *toute la France* où les irrigations ont été d'ancienne date plus développées que partout ailleurs, particulièrement dans l'arrondissement de Saint-Dié, M. Guérard n'en termine pas moins sa notice sur les irrigations de *cet arrondissement* même, de la manière suivante : « Malgré les grands résultats obtenus dans cet arrondissement, « la richesse produite n'y a pas encore atteint son dernier terme et les irrigations « peuvent encore s'y développer sur plusieurs de ses cours d'eau. »

(1) J'ai projeté l'amélioration, au point de vue des inondations, des nombreux étangs du bassin de l'Orain et établi que les résultats de l'exécution seraient considérablement avantageux pour l'agriculture, pour la salubrité du pays, pour la régularisation du régime de cette rivière.

(2) Voir l'intéressante brochure de 1883, extraite de l'*Annuaire historique de l'Yonne*, par M. Demaisons, sous-ingénieur en retraite, à Auxerre (page 48).

Il y a donc encore beaucoup à faire, même dans cet arrondissement et, *à fortiori*, sur le reste de la surface du département, où elles sont bien moins développées que dans celui-ci (1).

Départements méridionaux. — Cherchons encore un exemple de ce qui reste à faire dans nos départements méridionaux où cependant l'importance des irrigations a été depuis longtemps appréciée à sa haute valeur et réalisée autant que possible.

Département du Lot. — Dans un intéressant mémoire sur l'utilisation agricole des eaux dans le Lot (*Annales des Ponts et Chaussées*, 1859, p. 315), l'ingénieur en chef de ce département, M. T. de Sainte-Claire, résume comme il suit les chiffres des mieux-values que le service hydraulique à organiser dans ce département, pourrait encore y réaliser :

NATURE des opérations à effectuer	PETITS cours d'eau	SUPERFICIE à irriguer, etc.	DÉPENSES à faire	MIEUX-VALUES	OBSERVATIONS
	kil.	hectares	fr.	fr.	
Curage et régularisation des petits cours d'eau, etc.. .	1.000	9 000	660.000	7.200 000	Les mieux-values pour irrigations sont un minimum très au-dessous de la réalité.
Drainages.	»	45 000	15.750.000	33.750 000	
Marais à dessécher	»	1 000	600 000	500 000	
Irrigations nouvelles	»	23.000	3 300 000	36.550.000	
Totaux	1.000	78.000	20.310 000	78.000.000	

D'où, en résumé, 78.000.000 moins 20.310.000, c'est-à-dire 57.190.000 de bénéfice net.

Département de la Haute-Garonne. — « La Haute-Garonne (discours de M. Mangon, alors ministre de l'agriculture, au congrès régional agricole de Toulouse en 1885) possède seulement 3.751 hectares de prairies régulièrement arrosées et 556 hectares d'autres arrosages ; ces surfaces n'utilisent pas la vingtième partie de ses 453 cours d'eau d'un développement de 3.803 kilomètres. »

Département du Var. — Voici, sur le département *du Var*, les conclusions que je trouve dans un rapport de M. Bosc, ancien géomètre du cadastre, sur les irrigations de ce département : « On pourrait, dit-il, encore augmenter dans le « département la surface des irrigations de 18.000 hectares, pour une dépense « de 2.000.000 de francs, qui produirait une mieux-value de 45.000.000 de francs « en capital et de 2.000.000 de francs en revenus nets. »

Petites vallées secondaires. — J'ajoute que je ne crois pas que M. Bosc se soit

(1) M. Puvis, dans une petite brochure qu'il a publiée sur les procédés techniques d'irrigation dans ce département, exprimait que : « Malgré le grand développement des irrigations de vieille date dans les hautes vallées de la Meurthe et de la Moselle et dans celles de leurs nombreux affluents même les moins importants, il en reste encore beaucoup à faire de très largement rémunératrices. »

attaché à comprendre, dans ce calcul, une multitude de petites et moyennes entreprises réalisables sur les petits cours d'eau comme celles dont mon but est de faire voir qu'il faut tout d'abord s'occuper en ce moment, et auxquelles il était fait allusion dans le passage suivant du rapport de la Commission supérieure d'aménagement des eaux : « L'État, y est-il dit (1), a un grand avantage à faciliter « l'organisation des associations parce qu'elles peuvent faire créer une multi- « tude de petites irrigations dans les vallées secondaires où les eaux disponibles « ne peuvent alimenter que des canaux de faible étendue. »

Or, ce sont précisément celles qui ont produit de si grands résultats dans les Vosges et dans d'autres régions, par des contrats d'associations très variés et avant la loi de 1865, sans subvention de l'État.

Plaines sur les bords des grandes rivières et fleuves. — J'ajoute à ce qui précède que ce n'est pas seulement dans les petites vallées secondaires qu'elles peuvent se développer, mais bien dans les grandes, sur les rives de tous les fleuves, de distance en distance, moyennant des prises d'eau sur les points choisis, soit par des retenues existantes ou à créer, soit par des machines élévatoires. C'est ce qui se fera sur les bords de la Saône et du Rhône, même en dehors des grands canaux d'irrigation, qu'on pourra dans l'avenir faire passer à une certaine hauteur sur leurs versants pour en conduire les eaux dans les plaines inférieures, comme dans celles sous les Pyrénées, les Alpes, etc.

Dans le Doubs, les barrages créés sur cette rivière et dont j'ai parlé, permettraient de développer des canaux d'irrigation d'été et d'hiver sur ses rives et d'y substituer, à une partie des friches et des terres arables qui y existent, de bonnes prairies irriguées.

Le volume des eaux disponibles en France est considérable. — Dans un rapport détaillé, présenté au Congrès de l'Association de l'avancement des sciences, en 1878, par le secrétaire de la Société de statistique, il est dit que : « nos prairies n'utilisent en France que le dixième environ des eaux disponibles « et même que le vingtième, si l'on remarque que les eaux peuvent servir au « moins deux fois, puisqu'*elles se retrouvent*, en très notable partie du moins, « *dans les régions inférieures* (2). »

C'est principalement dans les bas versants des hautes montagnes que ce principe est applicable et peut y concourir au développement des irrigations.

Sous ce rapport, la France se trouve dans des conditions très avantageuses.

En effet, des environs du canal du Languedoc, une chaîne de montagnes élevées se sépare, en se dirigeant vers le nord, en deux branches dout l'une va se réunir à la chaîne du Cantal, des monts Dore et des Puys d'Auvergne, et l'autre,

(1) Rapport de M. Perrier.

(2) C'est ce qui résulte du mémoire de M. Vigan, ingénieur des Ponts et Chaussées, inséré dans les *Annales* (1865, n° 138), *Étude sur les irrigations des Pyrénées-Orientales.*

aboutir d'une part aux montagnes du Forez, et d'autre part à celles du Vivarais et du Lyonnais qui se prolongent sous les noms de mont Pilat, de mont Dore, de mont Tarare, jusqu'aux montagnes du Charolais et de la Côte-d'Or; et plus loin encore au nord, au delà de Langres, d'où partent les monts Faucilles qui vont se rattacher au ballon d'Alsace.

A l'est, la chaîne des Alpes se continue par les montagnes du Dauphiné, du Jura, des Vosges et des Ardennes.

Sur leurs parties élevées, couvertes de neige souvent pendant cinq mois de l'année, les nuages s'y condensent, les pluies y abondent et alimentent des milliers de petits ruisseaux et de rivières qui descendent sur les flancs de ces montagnes. Ce phénomène météorologique se produit aussi, quoiqu'avec moins d'intensité, sur les chaînes d'ordre secondaire du bassin de la Seine, de la Bourgogne et du Nivernais, surtout lorsqu'elles sont couvertes de forêts.

C'est, comme nous l'avons dit déjà, à partir de l'origine de ces cours d'eau que l'on peut, comme dans les Vosges, les Cévennes, les Pyrénées, etc., créer ou développer des irrigations qui commencent par celle des parcelles isolées, puis s'étendent à des réunions de parcelles par l'association de leurs propriétaires, au moyen de petits canaux distributeurs et de petits réservoirs.

Il est vrai que dans les montagnes formées d'un sol en couches sédimentaires comme celles des frontières de l'est, du nord et du bassin de la Seine, les sources ne débutent généralement pas comme dans les sols primitifs des Vosges, des Pyrénées, des Alpes, etc., où elles commencent par de petits filets à de hautes altitudes.

Dans les premiers, en effet, elles surgissent au-dessus des affleurements de couches de marnes ou argiles imperméables, traversant quelquefois des dépôts de sols détritiques avant d'apparaître au dehors; ou bien elles sortent du pied des escarpements de roches calcaires d'où leur lit entre, presque immédiatement, dans des terres où des cultures, autres que des prairies irriguées, se sont produites les premières, mais où il est souvent très avantageux de leur substituer ces dernières, ou d'y appliquer, en tous cas, un emploi très fructueux des eaux qu'on peut y conduire et y aménager.

On peut donc affirmer que, sur l'immense étendue des versants de nos montagnes et dans les plaines qui s'étendent à leur pied, l'emploi des eaux peut s'y développer au grand profit des produits de l'agriculture dans toutes ses branches et que la marge est grande à ce point de vue, puisque, d'après la statistique officielle publiée en 1860 (1), il n'y avait encore en France que 1.509.960 hectares

---

(1) Le service hydraulique ayant été en 1850 très amoindri, les surfaces irriguées ont pris peu d'accroissement depuis cette époque dans la plupart des départements, d'autant qu'on s'est presque exclusivement occupé, en dehors des services ordinaires, du développement des chemins de fer, etc., etc.

de prairies irriguées sur 3.547.242 hectares de prairies naturelles non irriguées.

Je crois qu'on n'aura de statistique approximativement exacte de l'utilisation agricole et industrielle des eaux en France, que moyennant une étude dans chaque bassin, sinon aussi détaillée que celle que j'ai faite pour le bassin supérieur du Doubs, tout au moins d'une manière analogue quoique plus brève et plus sommaire (1). Mais, en attendant, nous ne sommes pas moins en droit de conclure que *partout en France, dans le nord comme dans le centre, comme dans le midi, il existe une proportion très considérable de débit des eaux à utiliser en faveur de l'agriculture*, comparativement à ce qui en a été utilisé jusqu'à ce jour.

M. Mangon, ministre de l'Agriculture, avait donc bien raison de dire, dans son discours de 1885, au concours régional de Toulouse : « Il existe, en matière d'hy-« draulique, un déplorable préjugé : On dit généralement que l'irrigation n'in-« téresse que quelques parties isolées du Midi, tandis qu'il faut la considérer « comme une méthode agricole d'intérêt général applicable à la France entière. »

La France très en retard. — Il n'est pas surprenant, d'après ce qui précède, que sous ce rapport, la France soit fort en retard des nations étrangères qui l'environnent; en effet, le voyageur qui parcourt les riches vallées de l'Angleterre, les plaines de la Belgique, certains pays d'Allemagne et d'Italie, y voit d'immenses tapis de verdure entrecoupés de mille filets d'eau, couverts d'une végétation vigoureuse; les habitations rustiques y sont plus confortables qu'ailleurs, le paysan y est plus aisé et plus robuste.

A quelle influence faut-il attribuer cette supériorité?

Au bon emploi des eaux qui triple, qui décuple la richesse agricole; c'est-à-dire à l'usage universel des irrigations !

Or, quelle est en France la proportion existant entre les terres et les prairies arables comparée à la situation sous ce rapport, de plusieurs pays étrangers ?

Leur surface est de 4 à 5 fois plus grande que celle des prairies de toute nature, tandis qu'en Angleterre, en Hollande, en Suisse et dans quelques états de l'Allemagne, il y a autant de prairies que de terres arables ; qu'enfin, dans le Piémont, la Lombardie, la Bavière, la Prusse et l'Autriche, le rapport des prairies aux terres arables varie de 1 à 2 1/2. Il faudrait donc, pour élever la France au niveau des autres nations, y créer environ 2 millions d'hectares de prairies irriguées; voilà ce qu'il nous faut en *irrigation*.

---

(1) On y parviendrait par une organisation du personnel hydraulique comme je le demandais en 1855 et comme je l'ai depuis réclamé de nouveau, notamment en 1877 dans mon allocution au Congrès de la Société des agriculteurs de France. La dépense ne s'élèverait que de 3 à 4 millions pour toute la France. On pourrait d'ailleurs exiger pour le dressé de cette statistique dans un périmètre déterminé, le concours des communes et même des propriétaires dans ce périmètre; mais avant tout, le service hydraulique organisé et développé d'une manière spéciale, aura pour mission d'urgente opportunité, de s'attacher à la création d'entreprises petites et moyennes de desséchement, d'irrigations, de curages, etc., etc.

Assainissements et dessèchements. — La marge de ce qui est à faire, en travaux de cette nature dans la généralité des départements, est elle-même aussi très considérable.

L'application du drainage, disait M. Guillaumin, député, dans son rapport sur l'enquête agricole, est restée fort en dessous de l'étendue des terres sur lesquelles il pourrait être utilement pratiqué, et nous avons vu précédemment que M. de Sainte-Claire a évalué à 115.000 hectares l'étendue sur laquelle pourrait porter l'opération du drainage, dans le département du Lot. Il a certainement compris dans ce chiffre, outre les drainages à réaliser par associations, tous ceux à faire dans l'intérieur des périmètres des domaines privés; il y en a, sinon autant, beaucoup du moins à faire encore dans la généralité des départements, et quand le personnel du service hydraulique suffira pour rechercher, indiquer aux propriétaires et projeter les entreprises fructueuses de cette nature, que les formalités pour les prêts seront simplifiées, ou qu'ils seront facilités par des banques locales ou de crédit mutuel, cette nature d'amélioration agricole se développera sans doute plus largement qu'elle ne l'a fait jusqu'ici.

Quant aux *dessèchements* on voit, par le tableau inséré dans le *Journal officiel* du 23 janvier 1860, qu'il restait alors en France une superficie de marais à dessécher, de 185.460 hectares; les dessèchements opérés depuis lors sont rares, l'étendue à dessécher est donc encore aujourd'hui considérable.

Enfin, quant aux *curages, régularisation et redressements* des cours d'eau, c'est partout qu'il en reste à effectuer sur le développement des ruisseaux et rivières, même à part de ce qui se poursuit sur les fleuves et rivières navigables et flottables, car il n'y a pas en France de cours d'eau sur les rives duquel il n'y ait quelques conquêtes à entreprendre (1).

AMÉNAGEMENT ET UTILISATION DES EAUX PLUVIALES DANS CERTAINS CAS PARTICULIERS DE RELIEF ET DE NATURE DU SOL.

J'ai encore à appeler l'attention sur les cas de grandes surfaces de sol argileux ou de sol marneux, comme il en résulte des affleurements des couches dites en géologie : liasiques, infra-liasiques, irisées, ou de sols tertiaires ou de dépôts quaternaires, d'alluvions anciennes ou de moraines, etc., pour peu que leur surface soit inclinée, les averses en entraînent la partie superficielle la plus fertile, et y creusent des ravins par où l'eau s'écoule rapidement en courants temporaires.

On peut facilement, dans ces circonstances et au grand bénéfice de la culture, éviter les dégâts que ces courants occasionnent, et atténuer leur trop brusque affluence dans les bas-fonds, en créant, à peu de frais, de petits bassins ou réser-

(1) On peut en juger, d'une manière spéciale, par ce qui en est dit pour la Haute-Garonne, par M. Maitrot de Varennes, dans son ouvrage sur les irrigations dans ce département, et par M. Desmaisons pour celui de l'Yonne.

voirs dont les eaux s'utilisent avantageusement pendant les sécheresses et d'où l'on retire, en même temps, comme engrais, le limon qu'elles y ont déposé.

Ces ravins n'ont certainement rien de comparable, ni comme importance, ni comme dommage, aux torrents des Alpes ; mais il n'en est pas moins utile et avantageux de s'en occuper, surtout dans les régions où le sol et le sous-sol appartiennent, comme nous venons de le dire, aux formations secondaires, tertiaires, quaternaires et modernes.

On peut aussi, dans ces circontances de nature de sol et de relief, ouvrir des rigoles horizontales, comme aménagements temporaires utilisables, ne fut-ce que par le limon qu'on peut y recueillir; ou créer des puits d'où l'on peut tirer l'eau par pompes, ou par siphons si l'inclinaison du sol le permet ; ou enfin, alimenter par des drainages, des réservoirs plus considérables, et même donner naissance à de véritables sources artificielles ; c'est ce qu'on en est déjà venu à pratiquer dans les domaines privés, indépendamment des citernes qui s'alimentent directement par les eaux pluviales qui tombent sur les couvertures des habitations (1).

Il est, du reste, aujourd'hui facile, et en général peu dispendieux d'établir des réservoirs à découvert partout, même sur les sols les plus perméables, et de les rendre étanches par l'emploi des chaux éminemment hydrauliques ou des chaux dites lourdes et des ciments.

Les eaux pluviales de diverses provenances (rigoles, chemins, ravins, etc.) ainsi approvisionnées, peuvent être, avec mélange ou non d'engrais, utilisées dans leur voisinage pour les arrosages de toute espèce de cultures fourragères, fruitières, maraîchères et forestières (2).

Il paraît même qu'en dehors des submersions d'hiver, on en vient, aujourd'hui, à employer les irrigations contre le phylloxera et que, dans les départements du Midi, ce mode de traitement prend une faveur qui s'accentue de jour en jour ; mais ce n'est pas seulement pour détruire le phylloxera que les irrigations peuvent être employées en faveur de la vigne; comme dans les précieux vignobles d'Alicante (Espagne); il est, en effet, depuis longtemps, parfaitement établi que, pour celles qui existent sur coteaux inclinés et exposés en plein midi, dans les

(1) J'en puis, entre autres, citer un exemple qui m'est personnel. J'ai pu, en effet, dans une propriété que j'ai créée, assurer, malgré des circonstances très difficiles, une large abondance d'eau potable, des réservoirs et des petites sources par des drainages et autres moyens qui viennent d'être énoncés.

(2) J'affirme, par mes observations et mes études personnelles, qu'il y aurait très grand profit à s'occuper de l'aménagement des eaux dans beaucoup de forêts domaniales, communales et privées, non seulement pour modérer l'action destructive des eaux torrentielles pendant les orages, mais encore pour les irrigations forestières, comme je l'ai constaté dans les Vosges par le développement des arbres situés sur les rives des petits ruisseaux, et comme l'a d'ailleurs démontré feu Eugène Chevandier de Valdrome (grand propriétaire de forêts dans la Meurthe), dans un mémoire *ad hoc* publié dans les *Annales forestières*.

terrains très chauds et très secs pendant l'été, graveleux, ou formés d'un mélange de pierrailles et de terre, ou sur les dépôts d'anciennes moraines de glaciers comme dans l'Isère, et même là où la vigne n'existe qu'au moyen de terrasses, comme dans le Nivernais et sur les flancs de beaucoup d'autres montagnes, dans le Jura et ailleurs, les irrigations, pendant les sécheresses, produiraient sur la vigne les plus heureux résultats.

C'est ce que M. Puilliat, professeur de viticulture à l'Institut agricole, a parfaitement démontré dans son intéressant travail sur les vignobles du Haut-Rhône :

« Dans le Haut-Valais, dit-il, qui devrait, à juste titre, se nommer le *pays de* « *la soif*, en raison de son climat exceptionnellement chaud et sec pendant l'été, « les habitants en sont arrivés à établir, sur le flanc de leurs montagnes, des irri- « gations qui portent sur les coteaux les plus arides et les plus élevés la fertilité « et la richesse, là où aucune culture ne serait possible sans cet élément » ; et il termine en disant :

« Que de vignes arrachées ou abandonnées dans le Midi et ailleurs, sur « des coteaux élevés et exposés en plein midi, seraient encore pleines de vie « et de vigueur si on avait su les arroser ! Ah ! si des incrédules peuvent douter « de l'heureuse influence de l'eau sur la vigne en coteaux secs pendant les « grandes chaleurs, qu'ils aillent donc visiter les vignobles de Sion et de tout « le Valais !..... »

On me dira que tout ce que je préconise, ainsi que les circonstances et les exemples que je cite, sont rares et exceptionnels ! Eh bien ! non ! et je suis convaincu qu'on en viendra, quant aux moyens d'aménagement et d'utilisation des eaux, à faire de mieux en mieux et de plus en plus grand ; et encore n'arriverons-nous pas à un système d'utilisation agricole des eaux pluviales pour différents usages, aussi complet et minutieux que celui qui se pratique en Chine (1); on y voit, en effet, presque sur chaque parcelle des territoires morcelés, de petits bassins qui recueillent les eaux pluviales par de petits sillons ; les cultivateurs, après y avoir fait dissoudre les engrais, les y puisent pour les répandre sur les cultures.

---

(1) Extrait de la lettre, venue de Chine, du 27 août 1860 de mon cousin : (Adolphe Gerrier, inspecteur général du service de santé de l'armée, décédé au Val-de-Grâce, à 61 ans) : « Je voudrais pouvoir t'écrire à tous les courriers; chaque pas en avant dans ce diable de pays me lance dans des séries d'observations sur la culture combinée avec l'irrigation et la canalisation (comme moyen de transport); elles rentrent si bien dans les idées que je t'ai entendu exprimer, que je crois que, dans les siècles antérieurs, l'âme qui est emprisonnée dans le corps de M. l'Ingénieur en chef des services aquatiques de l'Est, a dû, bel et bien, animer quelque mandarin compétent et enthousiaste de l'hydro-agri-horti-culture; remarques que je n'ai pas voulu encore allonger le mot, car l'eau boueuse du Pehtang et du Pei-Ho, entre lesquels nous marchons, sert à tout arroser : jardins, sorgo, maïs, millet, blé et arbres fruitiers exploités en grand ; mais n'anticipons pas; je te raconterai tout cela un jour avec ordre et méthode. »

Le pays y est sillonné de canaux d'irrigations vers lesquels on dirige les petits ruisseaux ; partout où les cours d'eau sont suffisants, on y établit des barrages pour former des lacs artificiels dont les eaux se consomment pendant l'été ; sur les versants, les eaux de pluies sont retenues de terrasses en terrasses, de telle sorte qu'après avoir humecté les cultures supérieures l'eau descend, par des conduits ingénieusement ménagés, sur les cultures inférieures où les plantes profitent ainsi, selon leur position, non seulement de la pluie reçue directement, mais encore des égouttures et de l'eau superflue des hauteurs.

C'est ainsi que les collines présentent, à l'œil charmé, au lieu de pentes abruptes, au lieu de rochers à nu et de flancs décharnés par les eaux torrentueuses, un amphithéâtre de fruits et de maisons ornées par des gradins d'arbustes et de verdure.

Il faut convenir qu'au point de vue économique, il n'est pas glorieux pour la France de se trouver encore, quant à l'utilisation agricole des eaux, très en arrière non seulement de l'Allemagne, etc. (1), mais encore de la Chine !!!

Nous allons, dans les paragraphes qui suivent passer en revue, comme nous l'avons fait en particulier pour le département du Doubs, quelles sont pour la France en général, les causes principales qui se sont opposées au progrès si désirable de l'aménagement et de l'utilisation agricole des eaux.

CAUSES DIVERSES QUI ONT ARRIÉRÉ, EN FRANCE, LE DÉVELOPPEMENT DES PRAIRIES IRRIGUÉES, ETC.

Il résulte des faits et documents que j'ai produits, quant aux études d'hydraulique agricole et industrielle proposées à l'Administration en 1847-1848, que, soit par l'insuffisance des ressources financières et de personnel d'Ingénieurs et d'agents des Ponts et Chaussées disponibles, insuffisance occasionnée par la nécessité de les maintenir attachés au service des voies de communication de toute nature, l'Administration publique n'avait encore pu pourvoir d'une manière progressive et efficace à l'utilisation agricole et industrielle des eaux.

(1) Pendant mes tournées d'inspection sur les départements frontières de l'Est (Haut-Rhin, Bas-Rhin, Meurthe, Moselle, etc.), j'engageais vivement les ingénieurs à s'occuper de l'utilisation des eaux; et en voyageant sur le Rhin, avec l'ingénieur en chef Coumes, pour inspecter les beaux travaux défensifs et régulateurs qu'il faisait exécuter sur ses rives, j'étais jaloux de voir combien, sur la rive droite, dans le grand-duché de Bade, la France y était primée par l'irrigation et l'utilisation des cours d'eau. Dans son intéressant mémoire sur les travaux du lac Blanc et du lac Noir (*Annales des Ponts et Chaussées*, 1859, 3e série, pages 53-75), M. Stœcklin avait déjà dit : « Dans le pays de Bade, les rivières sont régularisées, les irrigations largement établies et partout perfectionnées. » Il existe même des ingénieurs qui, au compte de l'administration, s'occupent spécialement de régimer et d'utiliser les eaux.

Il en résulte aussi que, soit par les mêmes motifs, soit par d'autres encore, les tentatives d'organisation générale, fin 1848-1849, du service hydraulique, dans tous les départements en France, n'ont pu réussir, et que de 1849 à 1859 et les années suivantes, ce service a été annihilé dans plus de trente départements;

Que les demandes adressées à l'Administration pour le développement de ce service en 1855, dans le département du Doubs, n'ont pas eu gain de cause et qu'on peut en déduire qu'il en a été de même dans beaucoup d'autres départements, d'autant plus que les insistances en faveur dudit service n'étaient probablement pas aussi vives que dans le Doubs; à quoi faut-il attribuer ces insuccès? Il faut principalement, sans doute, les attribuer encore à la mise en activité de nombreux et considérables travaux d'autre nature;

Qu'en effet, à partir de 1856, les études entreprises pour atténuer ou éviter les inondations ont seules absorbé tout le personnel du service hydraulique et l'accroissement temporaire qu'il n'avait reçu que dans ce but;

Qu'enfin, ces dernières études abandonnées ou terminées, le service hydraulique, au lieu de se développer, a été de plus en plus amoindri, d'années en années, au point qu'en 1881, il n'existait plus d'Ingénieurs *spécialement* attachés au service hydraulique que dans cinq départements du Midi, et qu'aujourd'hui ce nombre est réduit à trois (1).

Ajoutons que, depuis lors, le service n'a pas encore été reconstitué, et qu'en dernier lieu, le Gouvernement ne paraît s'être surtout attaché qu'à la création de grandes entreprises d'irrigation concédées ou à concéder dans les Pyrénées ou dans le Midi à des compagnies financières; mais en raison des grandes et inévitables lenteurs que subit la réalisation de ces grandes entreprises, elles ne peuvent plus être considérées par le Gouvernement lui-même, malgré le vif intérêt qu'elles inspirent, que comme un moyen insuffisant, ou du moins *à trop long terme*, pour concourir à relever l'agriculture de la crise qu'elle subit.

AUTRES CAUSES.

Les prairies temporaires. — Il y avait bien encore une autre cause qui a favo-

(1) Comme conséquence et par application de la circulaire Vivien, 17 novembre 1848, le service hydraulique avait été organisé dans presque tous les départements. Le nombre des arrondissements du service ordinaire des routes, des ponts, avait été réduit; mais par un arrêté du ministre du 29 mai 1849, le service hydraulique cesse de former un service spécial, et il est décidé du premier coup que cette décision va s'appliquer et elle s'applique à trente-deux départements, puis elle est ensuite successivement appliquée à beaucoup d'autres.

Il est vrai que le nombre des ingénieurs n'ayant pas été accru et le développement des travaux de routes, ponts, canaux, chemins de fer, etc., exigeant l'accroissement de ce nombre qui ne pouvait se réaliser assez vite, il était difficile de pourvoir à tout, mais il n'en est pas moins regrettable que les vues de la circulaire de 1848 aient été aussi, sinon abandonnées, du moins pour trop longtemps encore ajournées.

risé l'ajournement des irrigations dans toute la France; elle est analogue, sinon identique, à celle dont j'ai expliqué la notable influence, dans le même sens pour le bassin supérieur du Doubs. Il y a cependant une différence c'est que dans les montagnes les terres arables se transforment en assez bonnes prairies *quoique non irriguées*, tandis qu'ailleurs, elles ne peuvent se transformer pour ainsi dire qu'en pâturages. Mais aussi en compensation de cette désavantageuse transformation, conséquence de la cherté de la main-d'œuvre, sont venus les fructueux résultats de l'introduction des prairies artificielles temporaires dans les assolements; très fructueuses, disons-nous, malgré l'infériorité des fourrages de celles-ci comparés à ceux que l'on retire des prairies irriguées qui ont, en outre, l'avantage sur les premières, de produire beaucoup, *malgré les printemps secs et chauds.*

A ces causes puissantes, il faut en convenir, se sont toujours ajoutées celles de l'indifférence ou du trop peu d'initiative des propriétaires intéressés, de leur peu de zèle et de dévouement à s'attacher à ce qui sort de leur intérêt personnel, des oppositions qui s'élèvent entre eux pour diverses causes, enfin souvent, celles d'une répartition des parcelles défavorable à l'organisation des syndicats, du manque inavoué de ressources de la part des propriétaires qui sont récalcitrants sans dire pourquoi, de l'absence de banques locales et de crédit mutuel, etc.; ce sont autant de circonstances qui, dans un grand nombre de cas, créent des difficultés de nature à rendre impossible l'organisation des associations libres entre les intéressés (1).

Quant aux curages, redressements et régularisation de cours d'eau qu'il faudrait pouvoir exécuter en même temps que les irrigations, ou qui devraient les précéder, mais qui sont, en tout cas, de très utiles opérations, il est malheureusement regrettable qu'ils subissent souvent de longs ajournements ou, tout au moins, de grandes lenteurs dans leur exécution. Ce sont le mauvais vouloir des riverains ou d'autres causes analogues aux précédentes et le faible concours des municipalités qui y ont mis obstacle; il faut y joindre le peu de zèle et l'absence d'instruction de leur part, quant aux voies et moyens administratifs et autres, pour les guider dans la mission qu'ils ont à remplir; viennent ensuite les difficultés d'organiser les syndicats, le cas échéant, par la seule initiative des intéressés, et, quand ils sont organisés, celle de les faire fonctionner avec l'activité nécessaire.

L'incertitude du choix des meilleurs voies et moyens à suivre, soit par un syndicat, soit par un règlement d'administration publique, soit par le bon vouloir

(1) Il y a bien aussi les préoccupations que déterminent dans tous les esprits les révolutions et les agitations politiques et sociales qui les précèdent et les suivent. Je n'en parle pas, et cependant, avec les conflits internationaux et les guerres, elles sont une cause grave d'arrêt pour les progrès de l'agriculture et de l'industrie.

des riverains eux-mêmes pour l'exécution des travaux, occasionne parfois de l'embarras et des lenteurs pour leur mise en activité.

Enfin, il arrive souvent aussi que la connaissance et la constatation *des usages locaux* pour procéder aux travaux de curages, etc., par application de la loi du 14 floréal an XI, font défaut.

MALGRÉ CES CAUSES, BEAUCOUP D'ENTREPRISES PEUVENT SE RÉALISER, MAIS IL FAUT QUE L'INITIATIVE PRIVÉE SOIT EXCITÉE ET AIDÉE PAR LE SERVICE HYDRAULIQUE.

Sous l'influence des causes d'ajournement et de retards ci-dessus exposés, de très avantageuses entreprises, d'irrigations surtout, comme nous avons démontré qu'il en reste tant et tant à faire, resteraient encore en très grand nombre indéfiniment dans l'attente, si l'Administration ne se décidait pas à en faire provoquer et faciliter l'exécution, comme elle le fait pour la généralité des entreprises de diverses natures dont la réalisation doit concourir au progrès de la richesse publique.

Faisons observer ici que souvent, même lorsque quelques propriétaires de parcelles se refusent à faire partie de l'association, et alors même que ces parcelles sont comprises dans le périmètre de l'entreprise, celle-ci peut s'organiser en laissant ces parcelles en dehors de l'association ; il en est ainsi, par exemple, lorsque les limites parcellaires sont peu obliques ou perpendiculaires aux rigoles d'irrigation.

En dehors des circonstances analogues qui permettent à ceux qui veulent agir sans l'adhésion de ceux qui ne veulent pas, l'initiative privée ne sera, dans beaucoup de départements et dans bien des cas, que très insuffisamment prépondérante. Et, d'ailleurs, bien que la possibilité des irrigations soit souvent évidente, la plupart des propriétaires ne s'en aperçoivent pas ou bien n'ont pas soit le dévouement, soit les moyens nécessaires pour mettre en train l'organisation de l'entreprise qui leur paraît avantageuse. C'est pour ce motif que, même dans les Vosges, où la facilité avec laquelle s'y organisaient les associations d'irrigants est très exceptionnelle, M. Guérard a terminé sa notice déjà citée sur les irrigations de l'arrondissement de Saint-Dié, comme il suit : « Il faut donc que l'Administration, « guidée par l'expérience, se mette en mesure d'*exciter le développement de cette* « *branche* de la richesse publique. »

Puisque ce vœu s'applique à la région sans contredit la plus avancée au point de vue de la facilité avec laquelle les entreprises de cette nature s'y organisent, ne faut-il pas admettre qu'il doit, *à fortiori*, s'appliquer à toute la France?

Pour le département de l'Yonne, par exemple, qui est cependant un de ceux les moins en arrière de beaucoup de progrès, M. Desmaisons (1) insiste vivement dans le même sens, en faisant ressortir les oppositions que soulèvent les propriétaires et leur apathie, leur répugnance pour ainsi dire, à se constituer en associations syndicales, et c'est aussi ce qui ressort de presque toutes les observations qu'on trouve, à ce sujet, dans les mémoires des ingénieurs sur les eaux, publiés soit à part, soit dans les *Annales des Ponts et Chaussées.*

Tout récemment encore, le 8 mars 1886, M. de Franclieu disait, dans un mémoire sur les irrigations dans les Basses-Pyrénées : « que le défaut d'initiative « et d'entente entre les intéressés devient, dès qu'on aborde les plaines au pied « des versants des montagnes, un grand obstacle (et cependant il s'agit de plaines « dans le midi) à l'organisation des associations syndicales pour y développer des « irrigations; » et notons qu'il s'agit d'entreprises d'irrigations étudiées et plus ou moins complètement formulées en projets ou avant-projets; que serait-ce, là comme ailleurs, s'il fallait que les intéressés eussent recours à des ingénieurs libres dont il faudrait payer à la fois les honoraires et frais de déplacement?

« On rencontre à chaque pas, dit Mathieu de Dombasle, des prairies situées « le long d'un ruisseau qui pourraient, par l'emploi de ses eaux, presque sans « aucune dépense, en doubler les produits; les propriétaires ne paraissent pas « même soupçonner ce qu'ils pourraient en tirer. » — C'est, pour peu qu'on y regarde, ce qu'on voit partout dans tous les départements où l'utilisation des eaux n'est point encore appréciée comme dans les Vosges, le Midi, les Pyrénées, etc...

Puisque l'initiative privée est partout insuffisante, il faut donc que l'*Administration y supplée* en faisant ressortir aux yeux des intéressés les avantages pour eux-mêmes des œuvres à créer, et préparer les éléments de leur exécution.

Faut-il faire voir que cette nécessité est depuis longtemps reconnue et admise, par la citation de vœux exprimés en ce sens par de hautes compétences.

Le Ministre des travaux publics, interpellé en 1845 sur ce qu'il se proposait de faire pour le développement des irrigations, disait que « l'Administration met- « trait ses Ingénieurs les plus habiles à la disposition des associations qui vou- « draient entreprendre des irrigations ».

Un de ses successeurs disait, trois ans après :

« La question des irrigations a pris à juste titre un tel degré d'importance « que l'Administration doit mettre au rang de ses premiers devoirs de diriger « les associations vers sa solution si intéressante pour l'économie agricole »; et l'on trouve dans le rapport de la Commission nommée pour formuler et discuter les mesures à prendre dans ce but, les conclusions suivantes :

« Il faut classer dans le cadre des travaux publics :... la défense des cours « d'eau, le dessèchement des marais, les dunes, les irrigations, les réservoirs, la

(1) Dans sa brochure déjà citée, page 33.

« réglementation des usines, en un mot, l'utilisation générale des eaux en conci-
« liant les intérêts de l'agriculture et de l'industrie. »

On lit aussi dans le rapport du député Guillaumin, sur l'enquête agricole :

« Il est donc à désirer que le Gouvernement organise l'étude des cours
« d'eau au double point de vue du régime des usines et du développement des
« irrigations. »

Et dans celui d'un autre député :

« Les améliorations à obtenir par l'utilisation des eaux étant immenses, il
« faut agir en leur faveur sur l'esprit de ceux que des préventions égarent. »

Enfin, le ministre Vivien, dans sa circulaire pour l'organisation du service hydraulique qui a eu lieu en 1849, dans un très grand nombre de départements, mais a été, comme je l'ai précédemment expliqué, promptement abandonnée par la prééminence d'autres études et d'autres travaux, insiste sur « la nécessité de « parer aux lenteurs, à l'indécision, au défaut d'initiative des intérêts privés », dit que « le Gouvernement doit intervenir d'une manière efficace par le concours « des hommes compétents qu'il a le pouvoir de faire agir » exprime son vif désir que « l'initiative des Ingénieurs soit substituée à celle des intéressés » ; puis, « fait appel à leur zèle éclairé et à leur patriotisme. »

Si je passe de l'exposé de ces bonnes intentions émises par les Pouvoirs publics aux vœux exprimés dans le même sens par les sociétés, comices et journaux agricoles, j'en trouve de très nombreux à citer :

En Sologne, le Comité central, qui a successivement décerné comme primes et récompense d'utilisation agricole des eaux, cinq médailles d'or, dix d'argent, trois objets d'art et 2.400 francs en argent, a récemment encore renouvelé sa demande que l'État encourage le développement des irrigations par des études sur les moyens d'utiliser les cours d'eau.

Dans l'Aude, toutes les communes de l'arrondissement de Narbonne (*Officiel* du 18 juillet .... Sénat) ont demandé que l'État intervienne pour l'utilisation agricole des eaux dans cet arrondissement.

Dans l'Yonne, la Société d'agriculture de Joigny a émis, en 1885, le vœu que « le Gouvernement s'occupe de l'amélioration des prairies par l'irrigation. »

Dans le Cher, les associations agricoles de ce département, réunies à la délégation de celle des Agriculteurs de France, dans leur séance du 22 février 1886, ont émis le vœu suivant :

« Considérant que de bonnes irrigations contribueraient puissamment à la
« prospérité de l'agriculture, émettent le vœu : que les Pouvoirs publics mettent
« promptement à l'étude l'importante question de l'aménagement et de l'utili-
« sation des eaux. »

Dans chaque session, le Congrès annuel de la Société des agriculteurs de France n'a pas omis de renouveler un vœu en faveur de l'utilisation agricole des eaux, analogue à celui si nettement formulé dans sa séance du 15 février 1877.

J'en pourrais citer d'autres encore, et je suis persuadé que des vœux analogues seraient affirmatifs de la part de toutes les Sociétés agricoles au sein desquelles cette question serait posée et discutée.

Quant aux journaux agricoles, ils reviennent souvent sur la question pour en provoquer la solution. Je lis dans la *Revue d'économie rurale*, septembre 1885, p. 609 : « L'accroissement de la production fourragère serait la planche de salut « de l'agriculture souffrante; il faut donc que, sous ce rapport, les Pouvoirs « publics lui viennent en aide »; et ailleurs, dans le même journal : « Il ne suffit « pas de faciliter par les chemins de fer la circulation des produits, il est indis- « pensable d'en accroître la quantité. Le Gouvernement ferait donc une œuvre « essentiellement utile en provoquant et en encourageant les irrigations, la « moitié de notre territoire pourrait doubler sa production par l'action fertili- « sante des eaux; c'est au Ministre de l'agriculture à en faire préparer les projets « sur le cours des rivières et des ruisseaux, à favoriser l'entente des proprié- « taires intéressés et à ne pas leur laisser oublier que le bon emploi des eaux « est, avec les engrais, le plus puissant agent de production du sol. » — « Et « pourquoi, dit M. Stœcklin (*Notice sur le lac Blanc et le lac Noir*, 1859), quand « un travail est d'une utilité bien certaine, ne le ferait-on pas étudier directe- « ment par les Ingénieurs de l'État? la dépense est, en général, minime et ne « représente qu'une bien faible part de la subvention que l'État ou les départe- « ments accordent pour des travaux d'utilité publique. »

Et le docteur Henri Papon, dans son livre (*La Vie à bon marché*, 1870) : Il faut « rappeler aux uns et apprendre aux autres que l'eau est la source des richesses. » — Et M. Desmaisons, dans sa brochure déjà citée : « L'initiative des hommes « de bonne volonté doit absolument se combiner avec celle du service hydrau- « lique et de l'Administration des Ponts et Chaussées, dont le concours est parti- « culièrement indispensable dans cette spécialité. »

Je ne résiste pas à citer encore l'extrait suivant d'une brochure : *De l'influence des Irrigations*, etc., par P. C., ancien Ingénieur de l'État.

« Je regarderais comme une excellente mesure politique et agricole :

« Que le Gouvernement demandât spécialement aux Préfets et aux Ingénieurs « des Ponts et Chaussées ou des Mines, des rapports sur les moyens d'irrigation « que pourraient fournir les cours d'eau dans le périmètre des services dont ils « sont chargés;

« Qu'il fît aussi les fonds d'étude pour obtenir les avant-projets des entre- « prises d'arrosages qui paraîtraient devoir être les plus fructueuses et les plus « efficaces;

« Enfin, que les travaux d'irrigation soient rangés par l'Administration et « par les Chambres législatives dans la même catégorie que ceux des ponts, des « chaussées, des routes, des canaux, des ports, des chemins de fer, qu'ils « deviennent, en un mot : Travaux publics.

Dans les Basses-Alpes et dans les Pyrénées, l'Administration des Forêts fait plus que de considérer certaines entreprises comme travaux d'utilité publique, car elle organise elle-même des fruitières ou fromageries qu'elle remet ensuite, quand elle en a bien réalisé le fonctionnement, entre les mains d'une association des intéressés, lorsque ceux-ci sont enfin convaincus du succès par les résultats obtenus.

Nous pourrions cependant citer des travaux d'hydraulique agricole que l'État a fait ou fait exécuter à ses frais, tel que le petit canal de la Sauldre, de Blancafort à la Motte-Beuvron, ou pour les remettre ensuite en mains aux associations des intéressés, tels sont dans l'Aude : le canal de Cuxac-Lespignan et tel sera probablement : le canal de la vallée des Baux.

Il faudra bien arriver à en agir ainsi quand on en viendra à régulariser le régime des lacs (1) et à créer de grands réservoirs sur les versants de nos montagnes; mais nous n'allons pas jusqu'à le proposer (2) pour les entreprises d'hydraulique agricole petites ou moyennes n'exigeant des subventions de peu d'importance que très exceptionnellement; mais regardons comme nécessaire l'organisation d'un service spécialement chargé de l'utilisation des eaux et de toutes les très importantes études et travaux qui s'y rattachent (3).

On ne nous objectera plus, en faveur d'un ajournement de cette mesure, comme moyen de pourvoir à l'insuffisance du bétail en France et de tous les produits qui en résultent, la création de prairies artificielles temporaires, attendu que les fourrages ainsi obtenus participent aux frais de cultures accrus de 30 à 35 p. 100 par la cherté et la rareté de la main-d'œuvre, ne fournissent qu'une nourriture d'une qualité secondaire et que, malgré l'incontestable utilité de son introduction dans les assolements, le résultat n'est pas comparable à celui de la création des prairies irriguées qui n'exigent, à la rigueur, ni dépenses d'engrais, ni frais de culture, surtout quand celles-ci sont le complément de régularisation du régime et des rives des cours d'eau et de dessèchements, d'assainissements ou d'utilisation de terres arides ou de sol de maigre valeur.

Le personnel hydraulique dont nous réclamons l'organisation, à laquelle chaque département serait appelé à concourir en faisant ressortir sa haute utilité

(1) Comme pour le lac Blanc et le lac Noir dans les Vosges (Stœcklin, *Annales des Ponts et Chaussées*, 1859, 3e série, p. 53-75).

(2) C'est cependant ce que proposait M. le docteur Papon, député, dans sa brochure : « La vie à bon marché », comme exemple à donner sur des points choisis dans chaque département. C'était aussi la conclusion d'un très bon rapport de M. le marquis de Bimar à la Société d'agriculture du département de la Drôme.

(3) C'est ce que je demandais en juillet 1848, en 1850, avec insistance en 1855 dans ma notice : « Observations et propositions, etc. », en 1860, dans mon compte rendu, en 1870 dans une lettre publiée, en 1877 par le vote que j'ai obtenu de la Société des agriculteurs de France, en faisant ressortir la haute utilité de toutes les attributions du service hydraulique, vœu réitéré le 26 mai 1884, en 1878, 1879 et 1881, dans diverses brochures et allocutions.

aux yeux des Conseils généraux et des Préfets et des Sociétés agricoles, activerait les règlements d'usines, dresserait des avant-projets sommaires de dessèchements, d'irrigations surtout, en procédant comme nous l'avons précédemment exprimé, provoquerait des associations provisoires d'essai, puis des syndicats définitifs.

L'intervention administrative ne peut presque jamais être supprimée. — Je puis ajouter que l'intervention administrative ne peut presque jamais être supprimée, même pour les associations syndicales qui fonctionnent le mieux, parce qu'on ne trouve pas de la part des syndics ou des associés, tant qu'elles ne seront pas arrivées à un parfait fonctionnement, quand il faut se déplacer surtout, un dévouement qui leur fasse momentanément quitter leurs occupations, soit pour remplir les fonctions qu'ils ont acceptées, soit même pour travailler à leurs propres intérêts.

Cette intervention devient même indispensable lorsqu'il survient des conflits entre les associés ou entre ceux-ci et le syndicat; elle doit être nécessairement aussi réservée dans la gestion, chaque fois que celle-ci comprend des intérêts communaux, cas auxquels les Maires doivent être de droit directeurs ou au moins membres du syndicat.

Enfin, en ce qui concerne le curage et la réglementation des cours d'eau, l'initiative des riverains, des maires ou syndicats doit absolument se combiner avec celle de l'Administration des Ingénieurs des Ponts et Chaussées chargés du service hydraulique dont le concours, il faut bien le dire, est indispensable dans l'espèce.

Il faut même, après la réalisation des entreprises, une surveillance tutélaire qui aide et excite à en maintenir et perfectionner le fonctionnement.

Voici à ce sujet ce que je trouve dans un rapport de tournée d'un excellent conducteur (Focillon) du service hydraulique du Doubs : « En surveillant, y est-« il dit, l'entreprise d'irrigation d'Osselles (33 hectares) pour qu'elle fonctionne « le mieux possible, je suis convaincu que ses résultats exerceront une heureuse « influence sur les populations de la vallée du Doubs, où j'ai remarqué la possi-« bilité d'organiser un grand nombre d'entreprises semblables et dans d'aussi « bonnes conditions que la première. »

C'est ainsi qu'on arrivera à combler cette énorme insuffisance de prairies permanentes en France, qui y restreint les ressources de l'agriculture pour l'élève du bétail et les produits qui s'y rattachent (1), insuffisance qu'il est, dans la situation actuelle, *très urgent de combler.*

Qu'il me soit permis de mettre ici, sous les yeux du lecteur, ce que j'extrais

(1) Si l'agriculture souffre, l'industrie souffre. En effet, cette souffrance la prive des matières que lui fournit l'agriculture, telles que : la laine, le coton, le chanvre, le lin, la soie, le cuir, le bois, le crin, la corne, les os, les céréales et les betteraves, les suifs, les graines oléagineuses, les gommes, la cire, la bougie, etc.

de la fin d'une lettre que j'ai reçue d'un excellent ancien Conducteur du service hydraulique du Doubs, en réponse à une demande de renseignements que je lui avais adressée.

« Permettez-moi, avant de finir, Monsieur l'Inspecteur général, de vous dire « que je partage entièrement votre manière de voir sur le moyen que vous pro- « posez pour combattre la crise dans laquelle l'Agriculture se débat vainement.

« La lutte n'est pas possible dans la situation actuelle, c'est *la production « fourragère qui nous sauvera.* L'agriculture française s'est régénérée, il y a « soixante ans, par les prairies artificielles. Elle a acquis, par cette culture, la « prospérité temporaire que nous lui avons vue avant la guerre ; il faut mainte- « nant qu'elle tourne ses regards vers l'emploi des limons et des sels contenus « dans les eaux qui sillonnent tout son territoire (1). »

Signé : CAÏPHAZ, conducteur en retraite.

Les attributions du service hydraulique s'appliqueront à bien d'autres études accessoires pour quelques-unes, mais toutes progressivement indispensables.

RÉSUMÉ DES ATTRIBUTIONS DU SERVICE HYDRAULIQUE.— Voici comment je les ai résumées dans mon allocution précitée du 15 février 1877, au Congrès de la Société des agriculteurs de France :

« Le service hydraulique, ai-je dit, s'il était largement constitué, largement « doté et fortifié dans son action par quelques améliorations législatives, devien- « drait pour le progrès agricole un appoint d'une portée incalculable.

« Chargé de projets et de travaux propres à régulariser le lit des cours d'eau, « à en maîtriser et réglementer le régime ; à en prévoir et à en annoncer les varia- « tions naturelles ; à étudier les causes météorologiques qui le modifient ; à assainir « et utiliser les étangs et améliorer la réserve des lacs ; à projeter à la fois *de « grandes dérivations et de grands aménagements pour l'utilisation des eaux au profit « de la navigation, de l'agriculture et de l'industrie, en même temps que d'innom- « brables entreprises plus restreintes de même nature ;* à organiser entre ces deux « dernières branches principales de l'activité et de la prospérité nationale sur les « rivières et les petits cours d'eau où le besoin s'en fait sentir, une répar- « tition équitable de leur débit ; à assurer l'évacuation de leurs crues, comme à « en assurer à propos la retenue pour l'enlimonage des prairies riveraines, à « étudier la nature des eaux de sources suivant celle des sols d'où elles surgissent « et à préparer ainsi l'approvisionnement en eaux salubres et potables des popu- « lations qui en manquent encore (2) ; à appliquer la loi de 1860 sur la mise en « valeur des marais et des terres incultes, etc., etc. ; le service hydraulique, dis-je,

(1) J'ajoute que l'application de l'ensilage complétera ce moyen de concourir au relèvement de l'agriculture.

(2) Attributions qu'il faut s'attacher, comme je l'ai fait, à réserver au service hydraulique.

« dont les attributions comprennent toutes ces spécialités propres à maîtriser et « à utiliser les eaux, intéresse évidemment au plus haut degré l'agriculture « française. »

On ne saurait évidemment vouloir évaluer *numériquement* l'utilité du contrôle de tous les actes publics et privés qui touchent aux lits des rivières et des ruisseaux ; mais pour n'être pas une *affaire de chiffres*, la haute utilité de ces branches de service n'en est pas moins palpable et évidente. Quoi de plus nécessaire, en effet, que ce contrôle tantôt préventif, tantôt répressif, dont le résultat est de préserver le cours des rivières des désordres que les empiétements des riverains, les digues, l'insuffisance de débouchés des ponts peuvent y occasionner, et des dégâts qui en seraient la conséquence ?

Quoi de plus opportun que l'intervention ordinairement officielle et provoquée par demandes ou par des oppositions d'intérêts, souvent officieuse, toujours conciliatrice, des Ingénieurs et de leurs agents dans toutes les mesures qui précèdent l'organisation définitive des entreprises que nous avons signalées ?

Quoi de plus précieux, puis-je dire, que cette action administrative incessante, tutélaire qui, en sauvegardant les intérêts généraux, ménage ceux des tiers, encourage et protège également l'agriculture et l'industrie, prévient les déceptions et les dommages, substitue enfin, avec un impartial désintéressement, les solutions justes et vraies d'une science pratique acquise par d'innombrables applications, aux conflits désastreux qu'un fréquent antagonisme d'individus à individus soulèverait par centaines sur chaque cours d'eau ?

Il y a là, évidemment, un service d'ordre, de régularisation, de conciliation, de protection dont l'absence serait une déplorable lacune dans l'administration des départements, et qu'un gouvernement avancé comme celui de la France ne peut pas laisser péricliter et languir.

On peut ranger dans la même catégorie, l'étude des bonnes conditions d'approvisionnement d'eau dans leurs usages les plus intimement liés à la salubrité du pays, au bien-être et à la santé des populations.

Quant aux documents nombreux que le service hydraulique recueille et élabore, il est clair que, mis en ordre méthodiquement et présentés avec leurs plus évidents corollaires, ils deviennent un arsenal de ressources à l'usage des Ingénieurs et de l'Administration.

La connaissance du régime des cours d'eau, de leur pente, de leur volume, de leurs variations, de la marche de leurs crues extrêmes et celle des faits météorologiques qui occasionnent celles-ci, permettent d'apporter un nouveau degré de précision dans toutes les mesures de contrôle et de réglementation des entreprises agricoles et usinières dont nous avons parlé, et dans la prévision, jusqu'à ce jour impossible, dans tous nos bassins autres que celui de la Seine, de l'amplitude des grandes crues et de l'instant où leur maximum aura lieu sur tous les points où il est utile de le savoir à l'avance.

Toutes les données qui précèdent complétées par celles des qualités usuelles des eaux, des aptitudes hydrauliques du sol et du sous-sol, du degré d'influence que la nature de celui-ci, dans ses rapports avec les effets du drainage et de l'irrigation, peut exercer sur la couche végétative superficielle, sur les gisements et les propriétés des amendements minéraux propres à améliorer aussi les conditions culturales du sol drainé et irrigué, donneront les moyens d'apprécier, avec plus de certitude qu'on n'a pu le faire jusqu'ici, le mérite des entreprises d'hydraulique agricole.

Ajoutons, à ce qui précède, que la vulgarisation de tous les éléments que nous venons d'énumérer et des statistiques dressées sur les pertes provenant du mauvais régime ou du non emploi des eaux, aura encore un autre résultat difficilement saisissable, mais à coup sûr considérable, parce qu'il se traduira en un innombrable recueil de faits et de documents utiles que chaque propriétaire cultivateur ou usinier réalisera dans la direction de ses propres travaux et dans la gestion de ses intérêts privés.

Enfin, les essais pratiques, seuls propres à impressionner la plupart des hommes, des cultivateurs surtout, l'émission, parmi eux, de bonnes formules d'association, appuyées d'exhortations administratives et de quelques bons exemples de succès, feront peu à peu pénétrer parmi eux l'émulation du désir de faire, et l'esprit d'association auquel ils sont si difficilement accessibles.

Il y a donc, sans contredit, dans l'ensemble du travail initiateur et progressif du service hydraulique, un appoint de nature à compléter, avec toutes les institutions récemment mises en vigueur pour enseigner et encourager l'agriculture, l'ensemble des mesures propres à préparer les populations à l'ère nouvelle d'activité agricole qu'il est urgent d'ouvrir en France.

De la lecture de tout ce qui précède, chacun peut, ce me semble, conclure qu'en développant l'organisation et en soutenant avec persévérance la marche progressive des opérations du service hydraulique, il en résultera, même sans vouloir leur donner immédiatement tout le développement qu'elles comportent, *de très grands avantages pour le pays.*

CAUSES D'INSUCCÈS, EN 1848-49, DE L'ORGANISATION DU PERSONNEL HYDRAULIQUE.
Situation nouvelle. — Personnel. — Conditions à remplir.

Il n'est pas très surprenant que l'organisation de ce service commencée en 1849 par application du décret et de la circulaire Vivien, de 1848, ait été rapidement abandonnée en très majeure partie dès les années suivantes, d'abord parce que ladite circulaire n'était accompagnée d'aucun document démonstratif; il n'existait encore ni décret décentralisateur (tel que celui du 25 mars 1852), ni loi comme celle de 1871 ou comme celle, quoiqu'incomplète, de 1865 sur les associations syndicales, pas de banques locales et encore moins de crédit mutuel, ni de système de prêts à longue échéance remboursables par annuités comprenant intérêt et amortissement (1).

Le Gouvernement avait alors d'autres intentions et particulièrement celle du développement des voies de fer dont le réseau n'était encore qu'à son début; de là absorption du personnel et des ressources budgétaires. Notons qu'en outre, la circulaire au lieu de prescrire aux Ingénieurs de s'attacher tout d'abord, comme cela s'est fait dans les Vosges, etc., et comme je l'ai fait dans le Doubs, à la réalisation de petites et moyennes entreprises, sans exclure d'autres études qui deviendront de plus en plus nécessaires, leur inspirait celles de projets de réservoirs et d'irrigations comme celles dont mon successeur au canal de Bourgogne s'est immédiatement mis à s'occuper. Les études contre les inondations sont venues se joindre ensuite, en 1856, à celles des chemins de fer et concourir à l'amoindrissement du service de l'hydraulique agricole proprement dit.

Enfin les souffrances de l'agriculture n'étaient pas ce qu'elles sont aujourd'hui.

Situation nouvelle. — La situation n'est plus la même et la crise agricole rend *impérieuse* et *frappante* l'*opportunité de l'organisation active des études et travaux d'hydraulique agricole !...*

Il y a tout d'abord, je l'ai déjà dit, beaucoup à faire sans difficultés, comme cela a eu lieu dans quelques départements, et beaucoup ensuite avec difficultés qu'il faudra vaincre.

Personnel. — Conditions à remplir. — Je puis dire, en m'appuyant sur mon expérience acquise et sur celle de feu mon camarade Nadault de Buffon (car nous étions parfaitement du même avis sur ce point), qu'il n'est pas de service qui, par la nature et la multiplicité de ses attributions progressives et indispensables, exige de son personnel plus d'instruction et plus d'instruction variée que le service hydraulique et, comme il inspire généralement beaucoup d'intérêt aux Ingénieurs qui s'en occupent et aux Conducteurs qui y sont attachés, que d'un autre côté les Ingénieurs ont acquis à l'École polytechnique et des Ponts et Chaussées la généralité des connaissances nécessaires pour bien répondre aux besoins de ce service qui leur offrira beaucoup d'avenir, l'organisation et le recrutement de ce personnel n'offrira pas de difficultés quand l'Administration voudra s'en occuper activement, d'autant que le nombre des élèves admis à l'École polytechnique et dans les deux Écoles d'application des Ponts et Chaussées et des Mines, où sont professés les cours d'instruction pratique applicable au service dont il s'agit, sont beaucoup plus nombreux qu'autrefois et que, d'autre part, les candidats au grade de conducteur sont aussi plus nombreux que jamais (2).

---

(1) Système très favorable aux entreprises très rémunératrices au bout de quelques années.

(2) J'ai démontré (*Compte rendu*, 1860; *Annales*, 1860) que la dépense pour toute la France

On peut arriver, en pratique, avec une instruction secondaire, à projeter et exécuter des travaux de terrassements, de ponts, de viaducs, etc., au moyen de types innombrables qui existent pour ces natures d'ouvrages, bien que l'art ne se perfectionne que par les applications de la science; mais, quant aux nombreuses attributions du service hydraulique qui comprennent tant d'études et de questions difficiles à résoudre, je crois que de fortes études de l'ordre de celles de nos grandes Écoles publiques précitées y sont indispensables pour diriger le service et inculquer dans l'esprit des conducteurs qui s'y prêtent, du reste presque tous avec beaucoup de zèle et de persévérance, les vues et les moyens pratiques d'études des projets, du contrôle de leur exécution et de cette exécution elle-même quand les circonstances l'exigeraient (1).

MARCHE A SUIVRE ET MANIÈRE DE PROCÉDER POUR LES DIVERSES ENTREPRISES A MIEUX-VALUES TERRITORIALES.

Réglementations usinières. — Il importe beaucoup, à tous les points de vue et particulièrement dans l'intérêt de l'utilisation agricole des eaux disponibles soit d'été, soit d'automne et d'hiver, de poursuivre avec activité les réglementations usinières; nous n'avons qu'à rappeler à ce sujet ce que nous avons dit dans notre compte rendu de 1860 (page 103) : « Nous espérions, à l'époque de notre dernier « compte rendu, que nous pourrions commencer la statistique, historique et régle- « mentaire des usines, statistique qui eut présenté l'origine de chacune d'elles, « ses droits acquis, les modifications et transformations qu'elle avait subies, la « force motrice qu'elle utilise et qu'elle laisse disponible sur le point du cours « d'eau où elle est établie, les conditions actuelles de son roulement, les con- « cessions qu'elle avait obtenues et qu'elle pourrait obtenir, etc... Mais l'insuffi- « sance du personnel du service n'a pas encore permis d'attaquer ce travail d'au- « tant plus utile cependant que la réglementation industrielle des cours d'eau se « lie intimement à leur utilisation agricole et doit se coordonner avec elle; il est « donc important de bien connaître à l'avance les droits et les conditions qui « peuvent primer celle-ci, avant de la réglementer elle-même. »

Ce sont, en général, les usiniers eux-mêmes qui demandent qu'il soit procédé à la reconnaissance et à la réglementation de leurs droits; mais il sera fort à propos d'y procéder sans retard dans les limites et dans les formes fixées par les

---

ne s'élèverait pas à plus de 3.500.000 francs, sauf les développements à mesure que les avantages des résultats obtenus en démontreront la nécessité.

(1) Dans le Doubs, j'avais attaché au service pour aller çà et là donner, au besoin, quelques indications pratiques sur les terres, engrais, etc., un élève de l'École d'agriculture de Montpellier.

J'avais fait venir aussi des Vosges, un chef d'atelier bon praticien pour les rigoles d'irrigation avec la hache et autres outils employés pour leur exécution.

instructions ministérielles, là où il y aura intérêt à le faire en faveur de l'utilisation agricole du débit et du temps d'emploi des eaux. Quant à la manière d'opérer, elle est depuis longtemps bien fixée par les règlements y relatifs et par leur application pratique.

Desséchements et assainissements. — Les entreprises de cette nature se réalisent plus facilement que celles des irrigations, par la raison qu'eu égard à ce qu'elles intéressent la salubrité publique, la loi y relative de 1807 et celle de 1865 sur les associations syndicales sont *coercitives à l'égard des opposants et récalcitrants;* aussi peut-on dire que, sauf des cas exceptionnels d'obstacles ou de débats sur les projets, le service hydraulique parviendra désormais à organiser leur exécution, *dès que son personnel suffira pour en prendre l'initiative avec une persévérante activité.* Il va sans dire que par la déclaration d'utilité publique, les parcelles privées contiguës aux marécages et qu'il a été nécessaire de comprendre dans le périmètre des projets font partie intégrale de l'entreprise.

Drainages. — Les entreprises à surfaces restreintes comprenant un nombre peu considérables de parcelles et, par conséquent, de propriétaires, s'organisent souvent sans difficultés. Pour les cas contraires, une mesure législative coercitive, par rapport aux minorités contre, sera nécessaire.

Quant aux drainages dans les domaines privés, les propriétaires en prennent généralement l'initiative eux-mêmes. Il n'y aura qu'à l'encourager au besoin, comme cela a déjà eu lieu, par l'intervention gratuite du personnel hydraulique et par une amélioration du système des prêts en le facilitant par des banques locales et de crédit mutuel mises en rapport avec le crédit foncier ou des établissements spéciaux de crédit agricole.

Redressements, régularisation et défense de rives des cours d'eau. — Ces opérations auxquelles l'agriculture, l'industrie et la salubrité publique sont intéressées, peuvent, sans nouvelle loi y relative, se poursuivre et réussir dans une large mesure, comme l'ont prouvé les faits accomplis dans beaucoup de départements par application de la loi du 14 floréal an XI (1) et par syndicats (2); on peut donc dès aujourd'hui, sans attendre que les voies et moyens législatifs et administratifs soient perfectionnés, obtenir de bons résultats en imitant ce qui a eu lieu précédemment et en se servant des formules de l'ouvrage de M. G. de Passy sur le service hydraulique (1875), et particulièrement dans la brochure déjà plusieurs fois

(1) La marche suivie dans le Lot consistait dans ce qui suit : Lorsque les curages exécutés par les propriétaires n'étaient pas complets, ils étaient terminés en régie; les dépenses étaient avancées par le département et remboursées comme en matières des contributions.

(2) Très intéressant mémoire sur l'organisation, le fonctionnement et les avantages des syndicats, par MM. Martin (Armand) et de Ponton d'Amécourt, ingénieurs (Paris, Dunod, éditeur, 1873). Il existe bien des formules de syndicats; j'en ai moi-même rédigé quatre qui ont été approuvées et dont bien des exemplaires existent encore à la préfecture et dans les archives du service du département du Doubs.

citée de M. Desmaisons (*Annuaire historique du département de l'Yonne*, 1883), depuis la page 52 jusqu'à la fin; on y trouvera exposées d'une manière pratique et bien détaillée, toutes les indications nécessaires en pareil cas et selon l'importance des opérations; on trouvera aussi d'utiles indications au chapitre III d'une notice de M. Picquenot, insérée dans les *Annales des Ponts et Chaussées* (1875, page 494), sur la question des voies et moyens administratifs et législatifs applicables à l'espèce.

« Souvent, avons-nous dit, la connaissance et la constatation des usages « locaux pour procéder par application de la loi du 14 floréal an XI font défaut »; nous pensons que, dans ce cas, on pourrait y arriver et les appliquer ensuite très utilement par une enquête ouverte dans la région où les travaux doivent se faire et par une élaboration des archives des municipalités de cette région.

Il sera souvent très avantageux d'établir, quand on le pourra, des barrages pour retenir les eaux de crues aux moments favorables, au lieu de les laisser s'écouler sans profit. MM. Martin et de Ponton d'Amécourt citent, dans leur mémoire précité, un exemple de 20 hectares submergés chaque année après la récolte des foins (commune de Juillé, Sarthe, Bassin du Lombron) (1) et il y en a bien d'autres.

Subdivision des entreprises d'amélioration des cours d'eau.— Voici, sur l'espèce d'études et travaux dont nous nous occupons en ce moment, une observation qu'il me paraît utile de produire :

On croit généralement qu'il serait nécessaire de dresser des projets d'ensemble pour toute l'étendue du cours d'eau, et d'en attaquer l'exécution à partir de la source en la poursuivant progressivement jusqu'à son embouchure dans la rivière dont il est un affluent.

Sans doute, il est bon, il est même nécessaire que le service hydraulique étudie tout d'abord les conditions générales du débit de chaque cours d'eau en basses, en moyennes et en grandes eaux; qu'il en fixe même le *profil normal de plein bord entre chaque intervalle des affluents successifs;* mais quant à l'exécution, elle peut très généralement se subdiviser en parties distinctes les unes des autres, de telle sorte qu'on peut exécuter sans retard celles pour l'exécution desquelles tout est prêt.

En effet, il n'est pas de vallée ni de vallon qui ne soit traversé, de distance en distance, par un chemin soit rural, soit vicinal, par une route soit départementale, soit nationale ou par un chemin de fer. Il y a aussi des points où le cours d'eau est encadré entre des digues par des usines et tels ou tels autres points où il entre par des murs ou quais dans la traversée d'un hameau, d'un village ou d'une ville, d'où résulte, entre ces points fixes du lit, des parties plus ou moins

(1) C'est une application du principe émis : Compte rendu du service hydraulique du Doubs (*Annales des Ponts et Chaussées*, 1860).

étendues dont la régularisation, etc., peuvent être mis à exécution en dehors des autres parties que les circonstances peuvent faire ajourner sans inconvénient pour celles qu'il s'agit d'exécuter immédiatement.

Lorsqu'une des divisions de l'étendue du cours d'eau porte sur deux communes, on peut rencontrer des difficultés, désaccords et mauvais vouloir, par la raison que c'est souvent sur la commune qui ne souffre pas qu'il faut combattre le mal dont l'autre se plaint; il convient tout à fait, en pareil cas, de recourir à l'organisation d'un syndicat (1).

Irrigations et colmatage. — Quand le sol sera uni, que l'ouverture des petits canaux et rigoles n'exigera pas de remaniements de sol superficiel, ni d'ouvrages importants, que le nombre des parcelles et, par conséquent, des propriétaires sera restreint, qu'il n'existera pas entre eux d'oppositions d'intérêt, de luttes d'opinions ou autres causes quelconques d'antagonismes persistantes, ou que les limites de distributions des parcelles permettront de laisser en dehors de l'entreprise celles qui appartiendront aux récalcitrants (2), l'organisation réussira, grâce à ces circonstances, comme simple association libre par un contrat analogue à celui qui a été généralement appliqué dans les Vosges, ou par une formule de statuts rédigée pour le cas particulier et appliquée comme pour les associations syndicales libres, selon la loi de 1865. Celles-ci réussiront encore quand il y aura de l'entrain et du zèle chez les propriétaires compris dans le périmètre du projet d'irrigation, alors même que leur nombre serait plus grand que dans les cas dont je viens de parler; quoi qu'il en soit, elle réussira certainement sur une multitude de points dans chaque bassin ou partie de bassin, pour les riverains de grandes rivières comme pour ceux des plus petits cours d'eau.

Il n'en est pas où, par une étude attentive, l'on ne trouve quelque entreprise d'assainissement et d'irrigation à organiser sur des surfaces de moins d'un hectare, jusqu'à cinq, dix et plus, et j'ajoute que leur nombre, dans tous les bassins de sources et de ruisseaux d'un département, est très considérable.

Partout on trouvera disponibles pour l'agriculture : ici, seulement les *grandes crues*, parce qu'une usine utilise comme force motrice les eaux basses et moyennes; ailleurs, les *eaux moyennes* comme celles des crues; enfin, souvent, sur la plupart des ruisseaux, l'usage des eaux basses et moyennes et de crues sera disponible pour des entreprises d'irrigation et de colmatage qui pourront

---

(1) Voir note (1) et (2) page 55, pour l'organisation des syndicats. Il faut ajouter à ce qui précède, que lorsqu'une rivière non navigable, ni flottable, est susceptible de le devenir, cette question est traitée dans les formes établies après conférence entre les ingénieurs des deux services (hydraulique et navigation), et lorsqu'une rivière est classée flottable, je crois qu'au lieu de faire exécuter les travaux par des syndicats subventionnés, il est préférable qu'ils le soient par l'État (comme pour la Sèvre-Niortaise), avec subventions du département, des communes et des propriétaires intéressés.

(2) Cela arrive quand les limites sont perpendiculaires ou peu obliques à celles des ruisseaux, canaux ou rigoles, comme nous l'avons déjà dit.

même, au besoin, utiliser à leur profit, par de petites machines élévatoires, la force motrice de leur pente et de leur débit.

Il est, du reste, bien entendu que ces entreprises pourront s'y diviser sur l'étendue du parcours de chaque cours d'eau, comme nous avons dit que cela peut se faire pour la régularisation, etc., du lit de ces derniers.

NÉCESSITÉ DU RÉVEIL DE LA FRANCE A TOUS LES POINTS DE VUE QUI PRÉCÈDENT.

Il est temps enfin que, pour toutes les entreprises d'utilisation des eaux, que la nation française prenne sa revanche et se relève au moins au niveau de celles qui l'entourent; elle y trouvera, par un grand accroissement de la production fourragère et de tous les autres produits qui en sont la conséquence, un des moyens le plus efficace, le moins dispendieux et le plus prompt, de faire sortir son agriculture de la crise, qu'elle subit encore, et de lui aider puissamment à primer, tout au moins sur les marchés français, la concurrence étrangère. Elle y créera, en outre, sur chaque point du territoire, pour les moments disponibles des ouvriers ruraux, un travail rémunérateur de nature à les maintenir dans leurs foyers et à y faire revenir ceux beaucoup trop nombreux qui continuent à émigrer sur les grandes villes.

Voilà le vœu que j'exprimais, il y a plus de vingt-cinq ans, comme conclusion du compte rendu de mon service hydraulique dans le Doubs, et sur lequel j'insistais dans mes rapports d'inspecteur, de 1863 à 1868; je n'ai pas cessé de le réitérer depuis ma retraite en 1874. Je le réitère encore aujourd'hui avec la fermeté de conviction que renforce l'intensité de la crise actuelle et persistante de l'agriculture (1).

---

(1) Depuis dix ans, M. Cotard, ingénieur civil, ancien élève de l'École polytechnique, a insisté avec beaucoup de persévérance par de remarquables notices et par d'éloquents discours prononcés dans les réunions du Congrès de la Société des Agriculteurs de France, sur la haute importance d'études d'entreprises de canaux d'irrigations, pour en faire l'objet de concessions à des compagnies avec subventions et garanties d'intérêt, et c'est en lui succédant à la tribune dans la réunion du 15 février 1877 que j'ai obtenu le vote du vœu de « l'organisation du service hydraulique dans tous les départements ».

L'éminent ingénieur Alfred Durand-Claye, professeur d'hydraulique agricole à l'École des ponts et chaussées s'est vivement associé à ce vœu, et c'est en se rangeant à mes idées que dans une séance du Conseil de l'hydraulique agricole il a dit : « Je regarde comme nécessaire de créer un service hydraulique spécial dans toute la France ».

CHAPITRE V

RÉSUMÉ ET CONCLUSIONS

RÉSUMÉ.

La triste perspective d'un appauvrissement progressif de l'Agriculture en France, fait appel d'urgence aux moyens de remédier à cette triste et intolérable situation.

N'en serait-ce pas, entre autres, un très efficace que de rappeler, dans tous les départements, l'attention publique sur les avantages considérables qui résultent de l'utilisation des eaux, d'en exciter le développement pratique et d'y concourir par une reprise d'organisation et d'activité persévérante d'un personnel spécialement chargé du service hydraulique (1), de même qu'il a fallu le faire pour les chemins, pour les routes, pour la navigation et pour les chemins de fer.

De nouvelles concessions, de vastes entreprises de grands canaux d'irrigation et de colmatage, ne paraissent pas, en raison des lenteurs de leur exécution, ainsi que des subventions considérables et des garanties d'intérêt qu'elles exigent, pouvoir être, *jusqu'à nouvel ordre*, un moyen praticable *assez immédiat* de relèvement de l'agriculture, sauf, bien entendu, qu'elles seront l'objet de reconnaissances et d'études préalables, lorsque le personnel disposera du temps nécessaire pour s'en occuper.

Les mieux-values en capital territorial et en rendements corrélatifs obtenues par d'anciennes transformations de prés secs, de terres insalubres, marécageuses, incultes ou de très maigre valeur, en prairies irriguées, ont été très considérables, et celles plus récentes qu'on est parvenu à exécuter par les mêmes voies et moyens, en entreprises de petite et moyenne étendue, ont été comme antérieurement fort importantes et très rémunératrices dans un court délai, par rapport aux dépenses, très modestes d'ailleurs, qu'elles ont occasionnées.

L'historique, depuis une quarantaine d'années, des faits relatifs à la question dont il s'agit, explique comment il a pu se faire que, malgré l'énormité des avan-

(1) Il est d'ailleurs entendu que sur les canaux et rivières navigables et flottables, les conditions d'établissement des prises d'eau sont réglées par les ingénieurs de la navigation, toute difficulté se résout quand il y a lieu, par des conférences mixtes. Voir note (1), page 57.

tages agricoles des entreprises de la nature de celle dont il vient d'être parlé, les tentatives d'organisation d'un service spécialement affecté à ces améliorations, n'aient pas réussi, ni que les réclamations présentées aux Pouvoirs publics n'aient pas été accueillies, soit en raison de l'application de tout le personnel des Ponts et Chaussées à d'autres travaux, soit par d'autres causes dont on se rend bien compte, mais en reconnaissant, en même temps, que ces causes sont arrivées aujourd'hui à leur terme et n'ont plus, surtout dans la situation actuelle, leur antérieure raison d'être.

D'autre part, l'étude statistique comparative des cultures de nations à nations prouve que la France est fort en retard par rapport aux autres, quant à la superficie des prairies irriguées qui y existent, bien que, cependant, la proportion des eaux disponibles par rapport à celle des eaux utilisées y soit très considérable et permette de la relever, haut la main, de cette très regrettable infériorité.

Il est, pour y parvenir, impérieux et rationnel de s'attacher particulièrement, jusqu'à nouvel ordre, comme jadis dans les Vosges et bien ailleurs encore, et à partir des plus petits cours d'eau, au développement des petites et moyennes entreprises dont le nombre est très considérable, et qui produiront, avec peu d'avance de fonds et à bref délai, de très fortes mieux-values, en même temps que l'avantage précieux de donner, comme dans les Vosges, etc., l'exemple à suivre pour des surfaces de plus en plus importantes sur les parties successives inférieures des cours d'eau; enfin, celui d'occuper à des travaux très rémunérateurs, les ouvriers autour de leurs foyers, de les y retenir, de les y rappeler des grandes villes où ils persistent jusqu'ici à émigrer.

Ces entreprises de petites et moyennes étendues qu'il s'agirait de préconiser, d'exciter et de faire réussir n'exigent chacune, en raison de leur modeste importance, que des encouragements très peu dispendieux :

Soit par l'intervention gratuite d'un personnel spécial pour la recherche, la reconnaissance périmétrique, les études sommaires d'avant-projets et l'organisation d'associations pour leur mise en train d'exécution;

Soit par quelques subventions départementales et communales, quand quelques circonstances exceptionnelles d'intérêt public les justifieraient;

Soit enfin, par des primes et récompenses à attribuer, dans les concours régionaux, aux entreprises réussies, attendu qu'un accroissement de 10, 15, 20 et plus p. 100 de l'élève du bétail par celui corrélatif de bons fourrages, vaut bien, je le crois, l'amélioration obtenue en faveur d'une tête de bétail, ou de l'engraissement de tels ou tels animaux de boucherie.

Les résultats extrêmement avantageux obtenus d'anciennes dates et plus récemment, non seulement dans le département des Vosges où ils sont exceptionnellement remarquables, mais dans beaucoup d'autres encore prouvent, les causes antérieures de retard et d'ajournement ayant cessé, l'esprit d'association ayant fait des progrès, enfin la situation étant impérieuse, prouvent, disons-nous, qu'on peut, même sans attendre de nouvelles mesures législatives (1) s'attacher tout d'abord à réaliser çà et là quelques entreprises, et à les faire servir comme exemples de bons résultats pour en obtenir progressivement partout de très nombreux et très importants.

CONCLUSIONS.

Il y aurait donc lieu :

1° De répandre dans les départements, des documents de nature à faire ressortir la haute et importante utilité pour l'Agriculture du service hydraulique, c'est-à-dire du service de l'aménagement, de l'amélioration du régime et de l'utilisation agricole des eaux ;

2° De faire connaître, en même temps, à leurs Conseils généraux, l'intention où serait le Ministère de l'agriculture de généraliser l'organisation de ce service afin d'imprimer un rapide développement aux entreprises de la nature ci-dessus exprimée, pour l'accroissement actif de la production fourragère et, on le répète, comme moyen d'occuper sur place les ouvriers ruraux à ces entreprises très rémunératrices autour de leurs foyers, de les y retenir et de les y faire revenir des grandes villes où ils persistent jusqu'ici à émigrer;

3° D'appeler le concours départemental aux allocations nécessaires pour faire face aux frais, d'ailleurs peu importants, du personnel spécial qu'il est à propos aujourd'hui de créer dans tous les bassins hydrographiques de la France;

4° D'y procéder le plus promptement possible, selon les votes des Conseils généraux, les circonstances plus ou moins impérieuses propres à chaque région, proportionnellement au nombre et à l'importance prévue, autant que possible, des opérations et des entreprises à y effectuer;

5° De formuler et d'adresser à MM. les Préfets et à chaque Chef de service hydraulique créé et installé, des instructions en ce sens : qu'il faut se hâter d'en exciter le personnel :

A étudier partout, même sur des surfaces restreintes depuis moins d'un hectare et en procédant jusque près des sources sur les plus petits cours d'eau, les entreprises de *dessèchements, d'assainissements par drainages, d'irrigations, de limonage et de colmatage* qu'il paraîtrait possible d'y organiser, en spécifiant, d'ailleurs, qu'il ne faudrait étudier tout d'abord ces projets que d'une manière sommaire, quoique suffisante cependant pour faire apprécier les mieux-values du

(1) Les applications pratiques de l'emploi des eaux ont bien modifié celles de la législation existante ; les conflits qui se sont produits ont été, le plus souvent, résolus à l'amiable par l'intervention conciliante des Ingénieurs et, dans les cas contraires, par les tribunaux sur leur avis administratif, ou, en qualité d'experts, au besoin ; il faut espérer, d'ailleurs, que la législation nouvelle qu'il s'agit de formuler évitera les inconvénients de celle à laquelle elle succédera.

sol et celles des produits à en retirer par les propriétaires intéressés qui seraient appelés à en conférer, et à s'entendre par des statuts provisoires, puis par des statuts définitifs d'association *syndicale libre* pour l'exécution.

A étudier de la même manière des *projets d'irrigation et de colmatage par dérivations partielles des cours d'eau*, pour des surfaces un peu plus étendues comme cela a eu lieu sur bien des cours d'eau et particulièrement dans les Vosges sur la Meurthe, la Moselle supérieure et leurs affluents, et ailleurs comme nous en avons précédemment cité beaucoup d'exemples.

A étudier activement les avant-projets et, au fur et à mesure de l'organisation des voies et moyens d'exécution, les projets définitifs *de redressement, régularisation et défense des rives des cours d'eau*, en les combinant, autant qu'il sera possible, avec ceux d'irrigation, de colmatage et d'enlimonage des prairies, les voies d'écoulement des crues, pour les moments où elles seraient dommageables, étant bien réservées.

A procéder aux *réglementations usinières* partout où les circonstances l'exigeront ou le permettront et de préciser, dans chaque cas, le parti qu'il sera possible de tirer pour l'irrigation et le colmatage des terres riveraines, de l'usage des eaux non utilisées par les usines et du *temps d'usage* de celles auxquelles elles ont droit et pendant lequel elles n'en profiteraient pas comme force motrice.

Il serait, en même temps, nécessaire d'exprimer à MM. les Préfets et Chefs du service hydraulique :

Que jusqu'à nouvel ordre, c'est-à-dire jusqu'à ce que de nouvelles mesures législatives en améliorent et en simplifient, autant que possible, les voies et moyens administratifs et financiers, l'organisation des associations et celle de l'exécution des entreprises auront lieu par application des lois, décrets, arrêtés ministériels et préfectoraux, usages locaux et coutumes, etc. (1).

Que, quant aux procédés techniques d'usage des eaux qui varient selon la composition des éléments que celles-ci renferment, selon le volume de leur débit et le temps dont on peut disposer, qui doivent varier aussi selon les circonstances de relief, de nature de sol et de climats, etc., ils seront la conséquence des études relatives à ces multiples points de vues et des notions pratiques à recueillir dans les différents traités sur la matière (2).

Enfin que, désormais, les auteurs des entreprises réussies seront, dans tous les concours régionaux et pour tous les départements de leur circonscription, comme cela a déjà eu lieu en 1882-1886 pour un certain nombre (3), primés et

---

(1) Voir l'annexe C, tableau des lois à consulter.

(2) Voir l'annexe D, catalogue des ouvrages à consulter.

(3) Beauvais, dans l'Oise, et en 1882, pour des irrigations de six hectares et au-dessous, dans les départements des Hautes-Pyrénées, du Var, de la Corrèze, du Gard et de l'Ardèche. Pourquoi pas dans tous les départements ? — On lit dans la brochure Desmaisons, plusieurs fois citée : « Le

récompensés à l'égal des éleveurs de races, ou de spécimen de bétail et de fabricants d'outils, d'instruments et de machines agricoles.

Il est bien entendu qu'en dehors de tout ce qui précède, en tant que caractérisé par l'urgence, le service hydraulique ne négligerait pas de se préoccuper, pour y donner suite quand le moment opportun en sera venu, des entreprises plus en grand, des réservoirs pour l'aménagement général des eaux, en un mot, de tout projet qui pourrait tôt ou tard, être mis à exécution comme moyen d'aménagement et d'amélioration du régime des eaux, en même temps que comme moyen complémentaire de leur utilisation agricole et industrielle.

Enfin, que ce service ne négligerait, autant que possible, aucune *des branches nombreuses et variées de ses attributions*, telles que nous les avions formulées antérieurement, en 1860 et 1877, reproduites ci-devant et de nouveau résumées comme il suit : Réglementations usinières pour partage de débit et du temps d'usage des eaux entre l'agriculture et l'industrie; régularisation et défense des rives des cours d'eau; amélioration de leur régime; retenues pour prises d'eau et colmatage des terres riveraines; desséchements, drainages, irrigations; mise en valeur des terres incultes, etc., sans compter les autres attributions relatives à la statistique des cours d'eau, au régime de leur débit en basses et moyennes eaux et en temps de crues, aux observations métérologiques, etc. (1).

---

créateur d'un ou deux hectares de prairies aura plus fait pour l'amélioration absolue de l'agriculture, qu'un riche propriétaire qui amène au concours un bœuf engraissé à grand frais dans une splendide étable où il aura consommé l'équivalent de la nourriture de plusieurs familles. »

(1) Il y aurait pour quelques-unes de ces attributions : observations hydrométriques, annonces des crues, etc., de très bons modèles à suivre dans les services qui fonctionnent dans les bassins de la Seine, de la Haute-Garonne, de la Meuse, etc.; mes observations et propositions de 1855 sur l'organisation et le développement du service hydraulique, étaient suivies d'un exposé des observations hydrométriques et météorologiques dont le service serait chargé comme celles que j'avais aussi bien que possible alors, organisées sur 80 points dans le Doubs, et dont j'avais communiqué le programme à M. Leverrier, directeur de l'Observatoire.

ANNEXE A

FORMULE DE CONTRATS ET PROCÉDÉS DE RÉPARTITION ET DE TEMPS D'USAGE DES EAUX APPLIQUÉS DANS LES ENTREPRISES D'IRRIGATION DES VOSGES.

Les propriétaires des parcelles comprises dans le périmètre s'engagent mutuellement :

1° A concourir aux dépenses de construction du barrage de la rivière, du canal principal, des écluses, etc., proportionnellement à l'étendue de leurs propriétés respectives qui, pour cet effet, seront arpentées et figurées sur un plan géométrique qui donnera l'emplacement de tous les canaux et écluses, etc.

Aussitôt que les contenances seront connues, on répartira entre les propriétaires la somme présumée nécessaire pour l'exécution du projet, et l'on fixera l'époque à laquelle chacun devra verser sa part entre les mains du notaire ou du caissier de la Société qui en donnera récépissé;

2° A céder à la Société pour le prix de. . . . par hectare, toutes les portions de leurs terrains qui pourront être utiles soit pour le passage du canal principal, soit pour tout autre canal d'irrigation;

3° A souffrir les chemins et sentiers de culture et de vidange indispensables dans une grande prairie;

4° Si, par suite de l'exécution du projet, quelques propriétés se trouvaient dégradées, les sociétaires s'engagent à les remettre en état, ou à les acheter pour le prix fixé précédemment, si les réparations excèdent la valeur des fonds. En général, les sociétaires s'engagent à supporter tous les événements qui pourraient résulter de la construction du canal et de ses accessoires, sans pouvoir renoncer à l'association à moins d'un consentement unanime.

5° Dans le cas où un propriétaire qui n'aurait pas concouru aux frais de l'irrigation, désirerait faire arroser ses terrains, on pourra lui en accorder la faculté, si le volume d'eau le permet, ou si l'on peut disposer des égouts; alors, il se soumettra à payer à la Société une somme proportionnelle à l'étendue de la propriété à arroser, sur laquelle seraient prélevés les frais d'irrigations relatifs à cette propriété; le reste, s'il y en a, sera déposé entre les mains du caissier de la Société pour subvenir aux réparations et à l'entretien des divers canaux et écluses, etc.

OBSERVATIONS SUR L'ORGANISATION DES ENTREPRISES D'IRRIGATION DANS L'ARRONDISSEMENT DE SAINT-DIÉ.

C'est bien suivant la formule ci-devant et suivant les principes qui y sont exposés que s'organisent et que fonctionnent les entreprises d'irrigation dans l'arrondissement de Saint-Dié, souvent même ces principes sont appliqués sans que le contrat soit signé ni écrit!

La fin de l'article 4 ou ce qui concerne ce *consentement unanime ne s'applique pas le plus souvent;* en effet, un propriétaire peut renoncer à *l'usage des eaux*, tout en conservant son droit à cet usage. Alors, tant qu'il n'en use pas, il ne participe pas aux *frais annuels d'entretien* des barrages, canaux, etc. Mais il conserve le droit de reprendre son irrigation, moyennant qu'il subira sa part de ces frais d'entretien.

S'il renonce par des circonstances exceptionnelles à son droit d'eau, ses cointéressés ne sont tenus envers lui à aucun remboursement des frais de barrages, écluses, canaux, etc., et plus tard, il ne peut plus forcer ses cointéressés à l'admettre; son droit est perdu. Il n'a plus que la ressource d'une concession amiable de la part de l'association. S'il obtient cette concession, il est obligé de payer sa cote-part des frais et une indemnité pour la valeur de son nouveau droit, ce qui est versé dans la caisse de l'association pour servir à l'entretien des irrigations et des ouvrages.

On comprend qu'avec des habitudes semblables de justice distributive et de mutualité dans le respect des intérêts de chacun, on arrive facilement à une entente entre les propriétaires, malgré le morcellement (15 ares en moyenne par parcelle).

L'entente entre les usiniers se pratique également et les abus sont tout à fait exceptionnels. Tout se divise et se subdivise équitablement.

En cas de conflits, c'est le juge de paix qui est appelé à pourvoir à leur solution, *selon les us et coutumes*, et il lui arrive, en pareil cas, quand il y a lieu, de condamner le réclamant à payer les frais, objet de sa réclamation. On ne cite pas d'exemple où de semblables condamnations aient donné lieu à un appel (1).

RÉPARTITION ET PARTAGE D'EAU ET DE DURÉE DE SON EMPLOI DANS LES ENTREPRISES PAR ASSOCIATION.

Lorsque le débit de la prise d'eau ne suffit pas pour arroser tout à la fois la surface des prés compris dans le périmètre de l'entreprise, on en arrose successivement les diverses parcelles ou groupes de parcelles appartenant à plusieurs propriétaires qui tous ont les mêmes droits à l'eau. Il est alors de nécessité absolue que cet usage soit réglé en déterminant, dans la période de l'irrigation, le temps pendant lequel l'usage de la totalité appartiendra à chaque groupe. Pour que chaque propriétaire ou chaque groupe ne puisse prendre que la quantité d'eau à laquelle il a droit, selon l'étendue de sa propriété ou du groupe, on fixe, par une garniture en pierre ou en bois, les dimensions de la rigole qui reçoit l'eau du canal de distribution pour l'amener sur le pré du propriétaire ou du groupe, et on procède de même pour la répartition entre les parcelles du groupe.

Si beaucoup d'intéressés ont droit à la même prise d'eau, il vaut mieux laisser à chacun l'usage de l'eau pour un temps court et qui revient plus fréquemment, que de prolonger la durée de chaque irrigation.

Dans l'usage en commun de l'eau, il y a toujours une difficulté à résoudre le mieux possible, c'est celle de donner l'eau à chacun lorsqu'elle lui serait le plus utile et quand il en a le plus grand besoin; quand on y a réussi, on en tient compte pour accorder, à la période suivante d'irrigation une compensation à celui à qui elle est due.

(1) La notice de M. Guérard, rédigée sur ma demande, donne d'intéressants détails. J'avais eu l'intention fin 1847 de les rédiger moi-même, mais emporté par mon service, j'ai insisté plus tard pour qu'elle fût rédigée par M. Guérard. La formule de contrat et tout ce que j'ai recueilli en 1847 sont restés dans les archives où je les ai récemment retrouvés; M. Pugnières, ingénieur en chef du département, m'a fourni en dernier lieu des renseignements dont je tiens à le remercier ici.

Le partage de l'eau ne se borne pas à celle qui vient immédiatement du canal de distribution, il faut aussi avoir égard à celle qui, après avoir servi une fois, peut être reprise et servir à une seconde irrigation; lorsque des prés reçoivent les eaux d'autres prés situés au-dessus d'eux, ils ne peuvent prétendre qu'à une moindre quantité d'eau sortant immédiatement du canal de distribution.

Avec de la patience et des expériences répétées, on arrive à organiser les répartitions et les temps d'emploi d'une manière assez équitable pour que chaque propriétaire soit raisonnablement satisfait.

ANNEXE B

Dans un discours du 21 juin 1882, à la distribution à Champagnole (Jura) des primes du concours ouvert par le Comice agricole de Poligny, j'ai rappelé : « que dans « une brochure de 1878-79 sur *La cherté et la rareté de la main-d'œuvre en présence du « nouveau programme de grands travaux publics,* » j'avais conclu qu'il serait à propos que : « *le Gouvernement s'appliquât, d'une manière active, à encourager et à exciter la production « territoriale*, notamment par *le développement des irrigations, dessèchements, assainisse- « ment, mise en valeur de terres incultes, aménagement des eaux, régularisation du cours des « rivières et ruisseaux, etc...* » et exprimé le vœu et l'espérance que « *le Ministère de l'agri- « culture, nouvellement constitué, s'attacherait sans retard à faciliter la réalisation très « fructueuse de ces sortes d'entreprises à organiser en nombre pour ainsi dire incalculable, « dans tous les départements.* »

ANNEXE C

CATALOGUE DES LOIS A CONSULTER

DESSÉCHEMENTS ET ASSAINISSEMENT DES TERRES MARÉCAGEUSES.

An XI. Loi du 14 floréal.
1807. Loi du 16 septembre.
1860. Loi du 28 juillet.
1861. Décret du 6 février.
1861. Circulaire du 24 mai.
1861. Circulaire du 26 juillet.
1862. Circulaire du 16 juin.
1865. Loi du 21 juin.

ASSAINISSEMENTS PAR DRAINAGES.

1854. Loi du 10 juin.
1856. Circulaire du 14 juillet.
1856. Loi du 17 juillet.
1856. Circulaire du 9 novembre.

1857. Circulaire du 27 février.
1858. Circulaire du 2 octobre.
1858. Circulaire du 25 novembre.
1858. Loi du 28 mai.
1858. Décret du 23 septembre.
1859. Circulaire du 13 juillet.
1862. Circulaire du 20 août.

RÉGULARISATION ET DÉFENSE DES RIVES DES COURS D'EAU.

1790. Loi du 8 janvier.
1790. Loi des 12-20 août.
1791. Loi du 6 octobre.
An VI. Arrêté du 19 ventôse.
An XI. Loi du 14 floréal.
1807. Art. 33 de la loi du 16 septembre.
1865. Loi du 21 juin.

IRRIGATIONS ET COLMATAGE.

1845. Loi du 29 avril.
1847. Loi du 11 juillet.
1852. Décret du 25 mars.
1857. Circulaire du 7 août.
1861. Décret du 13 avril.
1865. Loi du 21 juin.

RÉGLEMENTATIONS USINIÈRES.

1851. Circulaire du 23 octobre.
1852. Décret du 25 mars.
1852. Circulaire du 22 juillet.
1857. Circulaire du 7 août.

ANNEXE D

CATALOGUE DES OUVRAGES A CONSULTER

1845. Cours d'eau du Var et moyen d'augmenter les irrigations. — Bosc.
1846. Méthode d'irrigation des prés des Vosges. — A. Puvis.
1846. Des eaux relativement à l'agriculture. — Polonceau.
1850. Notice sur une irrigation au domaine du Portail, près Montargis (Loiret). — Augustin-Paul-Émile Bataillier.
1854. Amendements et prairies; extrait des œuvres de Jacques Bujault. — N. Basset.
1855. La Pluie en Europe. — Commandant Rozet.
1855. Étude sur le drainage en France. — H. de Villeneuve.

1857. Les irrigations et les desséchements dans le département de la Haute-Garonne. — Maîtrot de Varennes.
1858. Cours d'agriculture et d'hydraulique agricole. — Nadault de Buffon.
1860. Compte rendu du service hydraulique du Doubs. — A.-N. Parandier, ingénieur en chef des Ponts et Chaussées.
1864. Les irrigations et le flottage dans l'arrondissement de Saint-Dié. — Guérard, conducteur des Ponts et Chaussées (*Ann. des P. et Ch.*, 1865).
1865. Irrigations de la France. — Raillard, ingénieur des Ponts et Chaussées.
1867. Des submersions fertilisantes; colmatage et limonage. — Nadault de Buffon.
1868. Enquête agricole. — Rapport Guillaumin, député.
1868. Rapport sur les divers emplois agricoles des eaux courantes, eaux limoneuses. — Nadault de Buffon.
1869. Expériences sur l'emploi des eaux en irrigations sous différents climats. — Hervé Mangon.
1871. Mémoire sur le régime des eaux courantes. — Thomé de Gramond.
1873. Organisation, avantages et fonctionnement des syndicats. — Martin et d'Amécourt.
1873. Rapport sur les alluvions artificielles. — Analyse d'un ouvrage de l'ingénieur Duponchel. — Nadault de Buffon.
1874. Notions théoriques et pratiques sur les irrigations. — J. Charpentier de Cossigny. Particulièrement utile.
1876. Étude sur le service hydraulique. — G. de Passy. — Idem.
1881. Étude sur les associations syndicales. — L. Lambert. — Idem.
1881. Étude sur les prairies. — H. Joulie. — Idem.
1883. Cours d'eau de l'Yonne. — Desmaisons. — Idem.
— Irrigations du plateau de la Beauce. — De Passy et Dolon, ingénieurs des Ponts et Chaussées.
— Petit Manuel de l'Agriculture. — Moll.
— Rapport sur l'amélioration du régime des eaux dans la vallée de l'Yvette.
— Irrigations en France et à l'étranger. — Cheysson.
— Hydrologie du bassin de la Seine. — Delaire et Lemoine, ingénieur (importantes études).
— La vie à bon marché. — Dr Henri Papon.
1886. Herbages et prairies naturelles. — Amédée Boitel.
— Bulletins de l'hydraulique Agricole (Ministère de l'Agriculture).
— Les eaux souterraines. — M. Daubrée, membre de l'Institut.

TABLE DES MATIÈRES

CHAPITRE IV

APPLICATION DE CE QUI PRÉCÈDE A LA FRANCE ENTIÈRE.

CHAPITRE V

RÉSUMÉ ET CONCLUSIONS